U0185951

王宇韬　吴子湛　史靖涵◎编著

零基础学

Python

网络爬虫案例实战

全流程详解│高级进阶篇│

机械工业出版社
China Machine Press

图书在版编目（CIP）数据

零基础学 Python 网络爬虫案例实战全流程详解. 高级进阶篇 / 王宇韬，吴子湛，史靖涵编著 . — 北京：机械工业出版社，2021.7（2022.10重印）

ISBN 978-7-111-68474-9

Ⅰ．①零… Ⅱ．①王… ②吴… ③史… Ⅲ．①软件工具－程序设计 Ⅳ．① TP311.561

中国版本图书馆 CIP 数据核字（2021）第 105184 号

网络爬虫是当今获取数据不可或缺的重要手段。本书讲解了 Python 爬虫的进阶理论与技术，帮助读者提升实战水平。

全书共 7 章。第 1～3 章为常见反爬机制的应对手段，主要内容包括 Cookie 模拟登录、多种类型的验证码识别、Ajax 动态请求破解。第 4 章为手机 App 内容爬取。第 5 章和第 6 章为 Scrapy 爬虫框架应用。第 7 章为爬虫云服务器部署。

本书适合有一定 Python 网络爬虫编程基础的学生或相关从业人员，以及想要在 Python 网络爬虫开发、不同类型的反爬机制应对、爬虫框架开发、爬虫云端部署等方面进阶提高的读者。

零基础学 Python 网络爬虫案例实战全流程详解（高级进阶篇）

出版发行：机械工业出版社（北京市西城区百万庄大街 22 号　邮政编码：100037）

责任编辑：刘立卿　　　　　　　　　　　　责任校对：庄　瑜

印　　刷：三河市国英印务有限公司　　　　版　　次：2022 年 10 月第 1 版第 2 次印刷

开　　本：186mm×240mm　1/16　　　　　印　　张：17

书　　号：ISBN 978-7-111-68474-9　　　　定　　价：89.80 元

客服电话：（010）88361066　68326294

笔者编写的《Python 金融大数据挖掘与分析全流程详解》于 2019 年出版面市后，陆续有不少读者表示对该书的爬虫部分非常感兴趣，想做进一步的学习。笔者由此萌生了一个想法：专门针对 Python 爬虫技术编写一套书籍，在保留之前核心内容的基础上，新增更多实战案例，方便读者在练中学，并体会 Python 爬虫在实战中的应用。

书稿编写完成后，为了更好地满足不同水平读者的需求，方便他们根据自身情况更灵活地学习，笔者决定将书稿分为两册出版：第一册为《零基础学 Python 网络爬虫案例实战全流程详解（入门与提高篇）》，主要针对编程零基础的读者；第二册为《零基础学 Python 网络爬虫案例实战全流程详解（高级进阶篇）》，主要针对有一定 Python 爬虫编程基础并且需要进阶提高的读者。

本书为《零基础学 Python 网络爬虫案例实战全流程详解（高级进阶篇）》，分 7 章讲解了 Python 爬虫的进阶理论与技术，包括常见反爬机制的应对手段、手机 App 内容爬取、Scrapy 爬虫框架应用、爬虫云服务器部署等。

第 1 章主要讲解如何通过 Cookie 模拟登录网站并爬取数据。首先介绍 Cookie 模拟登录的原理，然后通过模拟登录淘宝爬取商品数据、模拟登录新浪微博爬取热搜榜信息这两个实战案例来巩固所学。

第 2 章主要讲解如何应对验证码这种常见的反爬手段，分别介绍了图像验证码、计算题验证码、滑块验证码、滑动拼图验证码、点选验证码等类型的验证码的识别，最后以 bilibili 的登录验证码识别作为实战案例来巩固所学。

第 3 章主要讲解如何破解 Ajax 动态请求。首先介绍 Ajax 的工作原理，然后通过爬取开源中国博客频道、爬取新浪微博这两个实战案例来巩固所学。

第 4 章主要讲解如何爬取手机 App 的内容。首先介绍相关软件的安装，然后讲解手机模拟操作和 Appium 操作，最后通过爬取微信朋友圈来巩固所学。

第 5 章主要讲解 Scrapy 爬虫框架。首先介绍 Scrapy 框架的整体架构和常用指令，然后通过 3 个实战案例来巩固所学：百度新闻爬取（涉及设置文件的修改）、新浪新闻爬取（涉及实体文件的修改）、豆瓣电影海报图片爬取（涉及管道文件的修改）。

第 6 章主要讲解在 Scrapy 框架中如何应对反爬机制。首先介绍 Scrapy 框架的中间件技术，然后通过 3 个实战案例来讲解具体应用：爬取搜狗图片（Scrapy＋IP 代理）、模拟登录淘宝（Scrapy＋Cookie）、爬取第一财经新闻（Scrapy＋Selenium 库）。

第 7 章主要讲解如何将爬虫项目部署到云服务器上，实现 24 小时不间断运行，并通过 Flask Web 编程搭建网站，将爬虫数据渲染成可动态更新的网页，从而完成一个综合性的商业级爬虫项目。

本书适合有一定 Python 网络爬虫编程基础的学生或相关从业人员，以及想要在 Python 网络爬虫开发、不同类型的反爬机制应对、爬虫框架开发、爬虫云端部署等方面进阶提高的读者。觉得本书理解起来有难度的读者建议先学习《零基础学 Python 网络爬虫案例实战全流程详解（入门与提高篇）》，再来学习本书。

由于笔者水平有限，本书难免有不足之处，恳请广大读者批评指正。读者可扫描封底上的二维码关注公众号获取资讯，也可通过"本书学习资源"中列出的方法进行交流。

编　者
2021 年 5 月

本书学习资源

本书提供了丰富的配套学习资源，主要内容如下。

1．代码文件与勘误文档

用手机微信扫描封底上的二维码，关注微信公众号。进入公众号后发送关键词"爬虫进阶"，即可获得学习资源说明文档的链接。该文档中以附件的形式提供了代码文件的压缩包，单击即可下载。文档中还会提供勘误文档的链接，勘误文档的主要内容是讲解最新代码，校正书中的疏漏，并解答部分读者反馈的问题。

2．在线学习网站

为方便初学者快速入门，笔者开发了一个在线学习网站 https://edu.huaxiaozhi.com/。读者可以在这个网站上免费观看 Python 基础课的教学视频，并在线编写相关的 Python 代码（无须下载和安装 Python 相关软件）。

3．读者交流与服务

笔者的微信号：huaxz001

读者服务与答疑 QQ 群：930872583

CONTENTS | 目录

第 3 章　Ajax 动态请求破解

第 4 章　手机 App 内容爬取

第 5 章　Scrapy 爬虫框架

第 6 章　Scrapy 应对反爬

第 7 章　爬虫云服务器部署

第1章

Cookie 模拟登录

> **注意**：本书为爬虫进阶教程，不会详细讲解爬虫的基础知识，如 Requests 库、Selenium 库、用正则表达式解析网页源代码等。不熟悉爬虫基础知识的读者请先阅读《零基础学 Python 网络爬虫案例实战全流程详解（入门与提高篇）》，并强烈推荐按照该书第 1 章的讲解，安装 Anaconda 作为 Python 核心，并使用 PyCharm 或 Jupyter Notebook 编写代码。

有些网站只有使用账号和密码登录后才能访问某个页面或者显示我们需要的信息，如知乎、新浪微博等。对于这类网站，如果对爬取速度的要求不高，可以通过 Selenium 库进行手动登录，再继续使用 Selenium 库访问所需网页并获取网页源代码。不过 Selenium 库的爬取速度比较慢（相对于 Requests 库而言），如果对爬取速度要求较高（如登录后抢票）或者需要进行大批量爬取，可以先通过 Selenium 库模拟登录以获取 Cookie（类似于身份信息），再利用该 Cookie 值配合 Requests 库进行模拟爬取。

1.1　Cookie 模拟登录的原理

尽管 Cookie 模拟登录的代码并不复杂，但是所谓"知其然，更要知其所以然"，在进行编程实践之前，我们仍然有必要了解 Cookie 模拟登录的原理。Cookie 模拟登录的原理涉及 5 个知识点：❶客户端与服务端；❷ HTTP 的无状态性；❸ Cookie 的含义与作用；❹ Session 的含义与作用；❺ Cookie 与 Session 的交互。其中知识点❶和知识点❷是为知识点❸～❺作铺垫，简单了解即可。

1.1.1　客户端与服务端

在网站访问中存在客户端和服务端这两个概念。客户端可理解为"客户"或"用户"，也就是接受服务的一方，准确来说是本机（本人的计算机）；而服务端则可视为"服务员"，也就是提供服务的一方，准确来说是网站服务器，也称为服务器端（简称服务端）。关于服务器的知识将在第 7 章学习，目前可以把服务器理解为部署在相关网站公司的一台很大的计算机。

例如，我们在使用本机的浏览器访问淘宝网时，浏览器就是客户端；而淘宝网是为我们提供服务的，那么淘宝网的服务器或者说淘宝网就是服务端。

1.1.2 HTTP 的无状态性

大家如果仔细观察，会发现大部分网址都有"http"或"https"的前缀，如 https://www.taobao.com/。这个前缀表示访问网站时使用的协议，其具体含义无须深究，这里只需要知道 HTTP（HyperText Transport Protocol，超文本传输协议）具有无状态性，意思是 HTTP 是一次性请求，发起访问并完成后连接即断开，之前在网站上实施的用户行为不会被记录下来。

如果前后访问的网页没有联系（例如，先访问百度，后访问淘宝），这种不会记录用户行为的特性不会造成什么问题。但是，如果前后访问的网页有联系，这种特性就会导致一些问题。下面以淘宝网为例进行讲解。

先打开商品详情页面（第一个网页），选中一个商品并加入购物车，如下图所示。

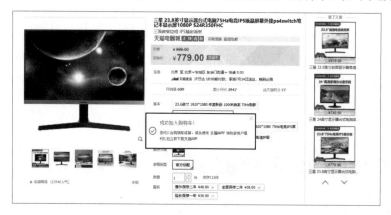

然后打开购物车页面（第二个网页），准备进行结算。此时如果是处于无状态协议下，那么由于第二个网页不会记住用户在第一个网页中的操作，购物车内便不会有用户在第一个网页中选择的商品，如下图所示。

　　为了解决 HTTP 的无状态性带来的问题，需要借助其他手段，其中就包括将在 1.1.3 节讲解的 Cookie。至于为什么 HTTP 要设计为无状态形式，感兴趣的读者可以自行查阅其他资料，这里将学习的重点放在如何通过 Cookie 进行用户识别或者说自动登录上。

1.1.3　Cookie 的含义与作用

　　在讲解 Cookie 的知识之前，先来解释一下如何解决 1.1.2 节中 HTTP 的无状态性带来的问题。熟悉淘宝购物流程的读者都知道，其实在把商品加入购物车之前，会弹出如下图所示的登录界面。

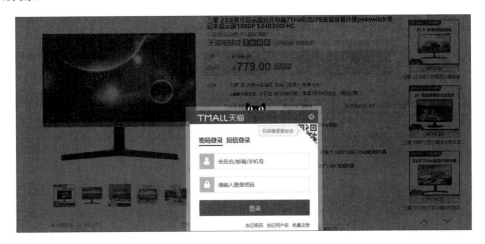

　　输入账号和密码并登录之后，就相当于在该网站有了一个身份信息，此时无论用户如何在该网站中切换页面，用户的每次操作都会被记录在该身份信息下，HTTP 的无状态性不会影响网站记录用户的行为。例如，笔者的淘宝网账号为 fgwyt94，淘宝网根据这个账号知道笔者在商品 A 的页面将商品 A 添加到了购物车，于是在笔者进入购物车页面时就会根据这个账号显示商品 A，如下图所示。

在实际的网页信息传输过程中，当用户输入账号和密码并登录之后，每次访问该网站的相关网页时，浏览器发送的请求信息里都会携带身份信息，作为网站记录用户行为的依据。这个身份信息就称为 Cookie。实际上一个网页会记录很多 Cookie，合称为 Cookies。

首先教大家如何查看 Cookie。以淘宝网的购物车页面为例：打开开发者工具，❶切换至"Application"选项卡，❷在左侧展开"Cookies"选项组，❸在组中单击当前网页的网址，❹即可在右侧看到相关的 Cookie 内容，如下图所示。

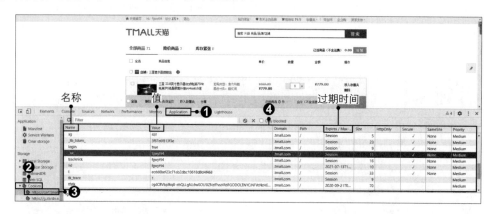

Cookie 的内容很多，这里简单了解 3 列内容即可：Name，指 Cookie 的名称；Value，指 Cookie 的值；Expires/Max-Age，指 Cookie 的过期时间，即有效时间。例如，对于上图中第 4 行的 Cookie：名称为 _nk_，笔者猜测是 nickname（昵称）的缩写；值为 fgwyt94，即笔者的账号；过期时间为 Session（其概念将在 1.1.4 节讲解），意思是如果 Session 过期，那么 Cookie 也会过期，例如，将 Session 设置为 30 分钟过期，那么若 30 分钟内没有任何操作，则 Cookie 也会过期，若 30 分钟内有操作，则会在最后一次操作的结尾重新计时 30 分钟。

如果暂时不太理解这个 Session 表示的过期时间，那么可以再看看上图：第 6 行有一个名为 lid 的 Cookie，其过期时间为 2021-07-13；第 9 行有一个名为 tfstk 的 Cookie，其过期时间为 2020-09-21。对于整个网站而言，身份信息的过期时间要根据所有 Cookie 的过期时间的最近值来判断。对于淘宝来说，通常 30 分钟内没有任何操作（Session 的常见过期时间设置）就会自动退出登录状态，即 Cookie 过期。

> **补充知识点：Cookie 的其他查看方式**
>
> 这里再介绍另一种查看 Cookie 的方式，以方便大家理解什么是"每次请求时都携带相关 Cookie 信息"。如下图所示，打开淘宝网后进行登录，在淘宝网的任一页面打开开发者工具，❶切换至"Network"选项卡，❷选择"All"（若此时看不到内容，则刷新

网页），❸选择第 1 个网址（其实其他网页中有些也会有同样的 Cookie 内容），❹在右侧切换至"Headers"选项卡，❺展开"Request Headers"（需要滚动鼠标滚轮，使页面下滑才能看到该栏目），❻可以看到其中的 Cookie 内容。

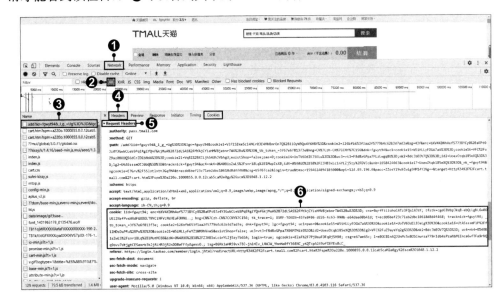

这里的 Cookie 内容为"lid=fgwyt94;enc=……"，其实就是对之前看到的分列显示的 Name（名称）、Value（值）等 Cookie 内容进行的拼接。Request Headers 是"请求头"的意思，也就是用户作为客户端访问网站所携带的信息。可以看到登录淘宝网后，每次访问淘宝网的网页都会携带这样的 Cookie 内容，用于表明笔者的用户身份。

此外，在上图"Headers"选项卡右侧的"Cookies"选项卡下也可以看到和之前类似的分列显示的 Cookie 内容，如下图所示。

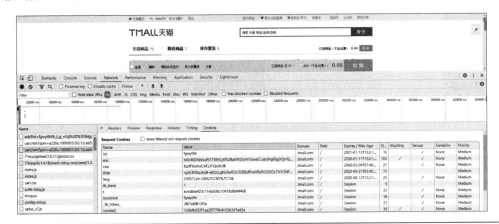

1.1.4 Session 的含义与作用

注意：1.1.4 节和 1.1.5 节将分别讲解 Session 的含义与作用及 Session 与 Cookie 的关系，有助于读者加深对 Cookie 的理解。如果阅读起来有困难，可直接阅读 1.2 节的案例实战。

1.1.3 节中接触到了 Session 的概念。Session 其实也是一种验证用户身份信息的方法，它与 Cookie 的区别在于：Cookie 是将身份信息存储在客户端，即用户计算机的浏览器；而 Session 则是将身份信息存储在服务端，如淘宝网的服务器。

> **补充知识点：Cookie 将身份信息存储在本地浏览器的验证方法**
>
> 如下图所示，❶在谷歌浏览器中单击右上角的 ⋮ 按钮，❷在展开的菜单中执行"更多工具 > 清除浏览数据"命令，❸在弹出的界面中可看到有一项浏览数据为"Cookie 及其他网站数据"，对应的操作提示为"会致使您从大多数网站退出。但您的 Google 账号……"。这里的"会致使您从大多数网站退出"指的就是如果清除了浏览器中存储的 Cookie 信息，那么其他网站（如淘宝网）的身份信息都会被清除。这也从侧面验证了 Cookie 是将身份信息存储在本地浏览器。
>
>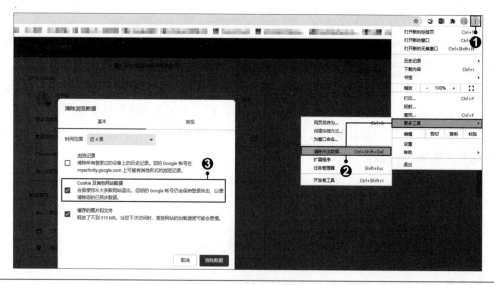

Session 在计算机中被称为会话控制，可用来存储当前用户连接中的一些属性、状态和配置信息。当用户进行网页跳转之后，存储在 Session 中的信息不会丢失，并且会在这个用户的整个会话连接中存在下去。这个会话指的是客户端与服务端的一对一交互，是用户请求登录时自动创建的。当会话过期或被放弃后，服务端也会终止这个会话。

既然 Session 和 Cookie 存储的都是用户的身份信息和操作行为,那么为什么有了 Cookie 还需要有 Session 呢? 或者换一种问法,为什么不能将用户的所有信息都存储在客户端的 Cookie 里,而需要将某些内容存储在服务端的 Session 里呢?

一个重要的原因是为了保障用户的隐私安全。前面验证了 Cookie 是存储在本地浏览器中的,而个人计算机的安全性相对较低,如果将用户的所有信息都存储在 Cookie 中,那么一旦 Cookie 被窃取,就意味着用户的所有信息都泄露了。

例如,一个淘宝网用户通常希望自己的购物信息是保密的,如果将所有购物信息都存储在 Cookie 中,那么一旦 Cookie 被窃取,便可能为该用户带来较大的损失。在 1.1.3 节中查看淘宝网的 Cookie 时,我们可以轻易地看到账号,却很难看到密码,因为密码这种对安全性要求较高的隐私信息就是存储在服务端的 Session 中的。又如,一位股民有一些自己摸索出的炒股秘诀,那么在登录股票交易账号之后,他肯定不想让别人知道自己买卖的股票种类和数量,此时将信息存储在服务端而非客户端才是明智的选择。

另一个原因是 Cookie 会跟随客户端的请求(Request Headers)发送给服务端(参见 1.1.3 节的"补充知识点"),如果将信息全部存储在 Cookie 中,那么很容易导致请求携带的内容过多,降低网络传输的速度。

以上简单介绍了 Session 的概念及其与 Cookie 的区别,1.1.5 节将进一步探讨 Cookie 和 Session 的交互。

1.1.5　Cookie 与 Session 的交互

本节将通过讲解 Cookie 和 Session 的具体工作机制,帮助读者理解 Session 和 Cookie 的交互。

首先来了解 Cookie 的工作机制。如下图所示,在客户端发送访问请求(如输入账号和密码进行登录)后,服务端会生成一个记录用户信息的 Cookie,并将其颁发给客户端,由客户端保存,之后客户端每次访问服务端时都会携带该 Cookie,从而进行身份识别。

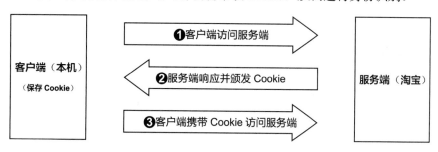

可能有的读者不太理解上图中的第 2 个步骤"服务端响应并颁发 Cookie",下面利用开

发者工具进行验证。在谷歌浏览器中打开淘宝或天猫的登录页面，打开开发者工具，❶切换至"Network"选项卡，❷选择"All"，❸然后在页面中输入账号和密码并登录，如下图所示。

如下图所示，登录成功后会进入之前访问的页面，此时"Network"选项卡中会显示内容，❶选择第1个网址（感兴趣的读者也可以尝试选择其他网址），❷在右侧切换至"Headers"选项卡，❸展开"Response Headers"（需向下滚动页面才能看到该栏目），❹可以看到 set-cookie 内容。

Response Headers 是"响应头"的意思，就是服务端响应请求后返回的信息，与之前提到的请求头（Request Headers）对应。set-cookie 意思是"设置 Cookie"，就是之前所说的"服务端响应并颁发 Cookie"。

了解完 Cookie 的工作机制，接着来了解 Session 的工作机制。如下图所示，首先客户端向服务端发送访问请求（如输入账号和密码进行登录）；服务端获得用户的 ID、头像、密码、等级等信息后，会生成一个 Session 将这些信息存储起来，同时根据这些信息生成一个 Session ID（这其实就是一种加密过程），并将该 Session ID 添加至即将颁发给客户端的 Cookie 中；之后客户端会携带该 Cookie 访问服务端，此时的 Cookie 包含了刚才服务端生成的 Session ID；服务端接收到访问请求后，会通过 Cookie 中的 Session ID 来识别用户，并返回相应的数据。

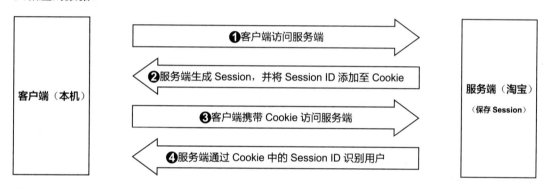

注意：在 Cookie 中可能找不到名称为 Session ID 的内容，这是因为程序员通常会用其他名称来表示 Session ID，如 ×××id 等，而且通常会对内容进行加密。

在 Session 出现之前，网页中基本上只使用 Cookie 存储用户信息，而随后出现的 Session 则能很好地和 Cookie 形成互补。

下面以"访问淘宝并将商品加入购物车"的过程为例，分析 Cookie 和 Session 的工作机制，以帮助读者加深理解：

❶用户在浏览器（客户端）中访问淘宝网址，然后输入账号和密码进行登录。

❷淘宝的服务器（服务端）接收到访问请求后生成一个新的 Cookie 和一个新的 Session，将获得的用户 ID、头像、密码等信息存储在 Session 中，同时生成一个 Session ID，并把这个 Session ID 添加到生成的 Cookie 中返回给客户端。

❸客户端（浏览器）接收到服务端返回的响应后会将其中的 Cookie（里面带有 Session ID）保存起来，之后每次访问淘宝相关网址或请求数据时，都会带上这个 Cookie。例如，用户将要购买的一件商品加入购物车，浏览器便会将该商品的信息和 Cookie 一起发送给服务端。

❹服务端（淘宝的服务器）接收到将商品加入购物车的请求后，从请求携带的 Cookie 中

获取 Session ID，接着到之前创建的 Session 中查看，发现之前已经登录过了，便在该 Session 中记录要购买的商品。

❺用户将所有要购买的商品加入购物车后，想确认所选商品并进行结算，便请求查看购物车。服务端（淘宝的服务器）在接收到查看购物车的请求后，会根据 Cookie 中的 Session ID 在 Session 中查看购物车中的所有商品，并返回给客户端（浏览器）。

根据 Cookie 和 Session 的工作机制，只要在访问网页时能获得相关 Cookie（里面包含 Session ID），就可以模拟登录网站。1.2 节就将讲解如何用 Python 实现这些操作。

1.2　案例实战 1：模拟登录淘宝并爬取数据

淘宝的反爬机制是要求登录后才能搜索商品或查看商品详情页面。本节就利用 Cookie 来模拟登录淘宝，爬取商品数据。

1.2.1　获取 Cookie 模拟登录淘宝

通过 Python 实现 Cookie 模拟登录的核心逻辑非常简单：先用 Selenium 库获取 Cookie，然后修改 Cookie 的数据格式，最后通过 Requests 库使用 Cookie，如下图所示。

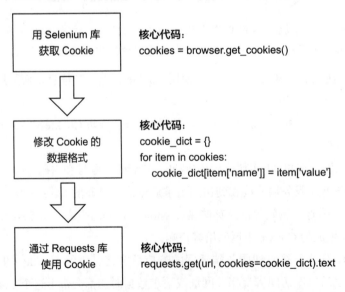

注意：上图的思路适用于爬取量较大或对爬取速度要求较高的情况。如果爬取量较少或对爬取速度要求不高，直接用 Selenium 库模拟访问（手动登录）和爬取，效率会更高。

下面就来具体讲解上述 3 个步骤的代码编写。

1．用 Selenium 库获取 Cookie

首先用 Selenium 库进行模拟登录，然后用 Selenium 库的 get_cookies() 函数获取 Cookie，演示代码如下：

```
1  from selenium import webdriver
2  import time
3  browser = webdriver.Chrome()
4  url = 'https://login.taobao.com/member/login.jhtml'
5  browser.get(url)
6  time.sleep(20)   # 等待20秒或更长时间来手动登录（推荐扫码登录）
7  cookies = browser.get_cookies()   # 获取Cookie
```

第 4 行代码设置访问的网址是淘宝的登录页面，因此，运行代码后会用模拟浏览器打开如下图所示的页面。第 6 行代码设置等待 20 秒，在这段时间内我们需要在页面中进行手动登录，推荐采用扫码登录，会快一些。第 7 行代码用 get_cookies() 函数获取 Cookie 信息。

熟悉 Selenium 库的读者也许会问：这里能不能不用手动登录，而是用 Selenium 库通过模拟键盘和鼠标操作来自动登录呢？答案是可以，但实现起来比较麻烦。因为淘宝的反爬措施比较强大，通过 Selenium 库模拟输入账号和密码后需要进行滑块验证码验证，而这个滑块验证码比较难处理（哪怕用 2.3 节将讲到的破解滑块验证码的方法也难以破解），所以这里还是先通过手动登录获取 Cookie。

技巧：如果使用的是 Jupyter Notebook，可以像下图那样分区块编写代码，先运行第 1 个区块打开登录页面，完成手动登录后再运行第 2 个区块，这样就不用设置 time.sleep(20) 了。

```
In [1]:  from selenium import webdriver
         browser = webdriver.Chrome()
         url = 'https://login.taobao.com/member/login.jhtml'
         browser.get(url)

In [2]:  cookies = browser.get_cookies()

In [ ]:
```

获得的 Cookie 时效通常是一天左右。将 Cookie 打印输出，结果如下图所示。可以看到，获得的是一个列表，列表的元素是一个个字典，字典里包含各个 Cookie，其实对应的就是 1.1.3 节用开发者工具看到的 Cookie 内容。

我们并不需要 Cookie 中的所有内容，只需要其中的 name 和 value 值，因而还需要对获取的 Cookie 进行处理。

2．修改 Cookie 的数据格式

通过如下代码可将 Cookie 的数据格式修改成 Requests 库使用时所需的格式：

```
1   cookie_dict = {}
2   for item in cookies:
3       cookie_dict[item['name']] = item['value']
```

第 1 行代码创建了一个空字典，用于存储从各个 Cookie 中提取的 name 和 value。第 2 行和第 3 行代码则遍历上一步获取的 Cookie，从中提取 name 和 value，添加到第 1 行代码创建的字典中。由上一步的打印输出结果可知，这里的 item 是一个字典结构，那么 item['name'] 和 item['value'] 就是根据字典的键提取对应的值，例如，第 1 条 Cookie 的 name 为 "1"，value 为 "eBg……"。而 cookie_dict[item['name']] = item['value'] 则是在字典中添加键值对，例如，cookie_dict['a'] = 'b' 表示在字典 cookie_dict 中添加一个键为 'a'、值为 'b' 的键值对。

　　将处理后的 cookie_dict 打印输出，结果如下图所示，这就是之后 Requests 库使用 Cookie 时所需要的格式。

{'1': 'eBgJoVgqOgcmwUJQBOfanurza77OSIRYYuPzaNbMiOCP9s5B5CgGWZ1Qmj86C3Gch6DWR3mw4YKMBeYBqQAonxv9w8VMULkmn'},
'isg': 'BOzsO2uJn7Ist4u0mGZU8Vh3vcoepZBPxYWn20Yt-Bc6UYxbbrVg3-LjdRhpQsin'},
'uc1': 'existShop=false&cookie14=UoTV6OZfFTAuYg%3D%3D&pas=0&cookie16=W5iHLLyFP1MGbLDwA%2BdvAGZqLg%3D%3D&cookie15=WqG3DMC9VAQiuQ%3D%3D&cookie21=VFC%2FuZ9aiKCaj7AzMHh1'},
'lgc': 'fgwyt94',
'sg': '43f',
'mt': 'ci=71_1',
'dnk': 'fgwyt94',
'cookie1': 'V371SEkm5c14MCr0JE4MN8nrOn7Q%2B11OyW9Qo4Y6H8Y%3D',
'_l_g_': 'Ug%3D%3D',
'_nk_': 'fgwyt94',
'existShop': 'MTU5NDY5OTYyNw%3D%3D',
'_cc_': 'VT5L2FSpdA%3D%3D',
'cookie17': 'Uoex0tqb185eXQ%3D%3D',
'tfstk': 'csnOBFas5BAi9G2KUVL3GB-00cnAZk0Y0ONcDKqkCPVPZVjAiKio24ak5-1TvpC..',
'csg': 'afcc952d',
'uc3': 'id2=Uoex0tqb185eXQ%3D%3D&nk2=BdcJbEOV7Q%3D%3D&lg2=URm48syIIVrSKA%3D%3D&vt3=F8dBxGPpY5W4%2F6fvSNE%3D',
'unb': '1658424663',
'skt': '889b90914433da7f',
'sgcookie': 'ETe1knWwAqc9pZkarXqCl',
'uc4': 'id4=0%4OUO%2B38%2FZJHB3xLcinYLZj5zfuPXfi&nk4=0%40B1sZwLS%2Fsnr18Lq%2B1MCRsQNK',
'cookie2': '1c467861aaef3d22e74c246e5d3cbec7',
'tracknick': 'fgwyt94',
'thw': 'cn',
'cna': 'XR2UF+2RygQCAXxBxAZwta89',
't': 'bf72be3e2c7d26c29bf39c22381ab611',
'_tb_token_': '715145ee33744',
'_samesite_flag_': 'true'}

3. 通过 Requests 库使用 Cookie

有了格式符合要求的 Cookie 数据，就可以通过 Requests 库进行模拟登录了，代码如下：

```
1   import requests
2   headers = {'User-Agent': 'Mozilla/5.0 (Windows NT 10.0; Win64;
    x64) AppleWebKit/537.36 (KHTML, like Gecko) Chrome/69.0.3497.100
    Safari/537.36'}
3   url = 'https://s.taobao.com/search?q=王宇韬'
4   res = requests.get(url, headers=headers, cookies=cookie_dict).text
```

　　其中的核心代码就是在 get() 函数中添加 cookies 参数，参数值为上一步处理好的 cookie_dict。此外还添加了 headers 参数，以提高爬取的成功率。

　　这里访问的网址是在淘宝上以笔者的姓名为关键词搜索商品时的网址。在淘宝上登录成功后，页面中会显示相应的账号，如下图所示。因此，如果用 Requests 库登录成功，在获取的网页源代码中也会有相应的账号，如笔者的账号 fgwyt94。

我们可以根据网页源代码是否包含账号来判断是否登录成功，代码如下：

```
1  if 'fgwyt94' in res:
2      print('登录成功')
```

将这一步的代码汇总如下：

```
1  import requests
2  headers = {'User-Agent': 'Mozilla/5.0 (Windows NT 10.0; Win64;
   x64) AppleWebKit/537.36 (KHTML, like Gecko) Chrome/69.0.3497.100
   Safari/537.36'}
3  url = 'https://s.taobao.com/search?q=王宇韬'
4  res = requests.get(url, headers=headers, cookies=cookie_dict).text
5  if 'fgwyt94' in res:
6      print('登录成功')
```

运行结果如下：

```
1  登录成功
```

至此，便成功实现了通过 Requests 库使用 Cookie 进行模拟登录，并获取到网页源代码（此处的网页源代码还有一点问题，后面会详细分析）。1.2.2 节将进行数据的解析与提取。

这里有几个知识点需要再强调一下：

❶一个网页通常有多个 Cookie 值：用 Selenium 库获取的不是单个 Cookie 值，而是该网

页返回的很多 Cookie 值的集合（参见 1.1.3 节相关图示），这一点在代码中也有体现。

❷使用 Cookie 模拟登录的意义：有的读者可能会发现，有时不登录也能用 Requests 库访问淘宝网获取信息。但是笔者在测试后发现，如果没有模拟登录，当爬取内容较多时就会弹出登录界面，因此，Cookie 模拟登录还是很有必要的。

❸Cookie 通常有时效限制：1.1.3 节提到过，一个网页中多个 Cookie 的过期时间不同。有的 Cookie 的过期时间为 Session，而通常如果 30 分钟内没有任何操作，Session 就会过期，导致相应的 Cookie 也过期。因此，在获取 Cookie 后要及时进行后续操作，或者定期对淘宝服务器发送访问请求，如每隔 15 分钟就使用 Cookie 发送一次访问请求，使得 Session 能够一直保持在线状态。

1.2.2　爬取淘宝商品数据

有了网页源代码后，我们就可以从中解析和提取数据了。下面以解析和提取商品的名称、价格、销量为例进行讲解，如下图所示。

解析和提取数据有多种方法，这里会用正则表达式来完成，而不会用 BeautifulSoup 库来完成。其原因是淘宝的网页经过了一些动态渲染，导致用 Requests 库获取的网页源代码内容

不完整，用 BeautifulSoup 库难以定位到需要的数据，这一点在本节的"补充知识点 2"中会详细分析。

首先在 Python 获取的网页源代码 res 中寻找编写正则表达式的规律。如下图所示，可以看到商品的名称、价格、销量都集中在一起。

FxGMmxGONTT", "sellerCredit":15, "totalRate":10000}, "icon":[{"title":"尚天猫，就购了", "dom_class":"icon-service-tianmao", "position":"1", "show_type":"0", "icon_category":"baobei", "outer_text":"0", "html":"", "icon_key":"icon-service-tianmao", "trace":"srpservice", "traceIdx":2, "innerText":"天猫宝贝", "url":"//www.tmall.com/"}], "comment_url":"//detail.tmall.com/item.htm?id=\u003d618963914305\u0026ns=\u003d1\u0026abbucket\\u003d2\\u0026on_comment\u003d1", "shopLink":"//store.taobao.com/shop/view_shop.htm?user_number_id=\u003d1599634638", "recommend_nav":"15 3 4", "risk":"", "i2iTags":{"samestyle":{"url":""}, "similar":{"url":"/search?type\u003d=similar\u0026app\u003d2i\u0026rec_type\u003d1\\u0026uniqpid\u003d\u0026nid\u003d618904234386"}}, "p4pTags":[], "nid":"618904234386", "category":"50512007", "pid":"", "title":"2020新书 Python大数据分析与机器学习商业案例实战 \u003cspan class\u003dH\u003e王宇\u003c/span\u003e\u003cspan class\u003dH\u003e\u003c/span\u003e\u003e python基础教程书籍深度学习ai人工智能计算机程序设计大数据分析书籍", "raw_title":"2020新书 Python大数据分析与机器学习商业案例实战 王宇韬 python基础教程书籍深度学习ai人工智能计算机程序设计大数据分析书籍", "pic_url":"//g-search3.alicdn.com/img/bao/uploaded/i4/i1/1020536390/O1CNO1yJfX4p1x4fShGqBJO_!!0-item_pic.jpg", "detail_url":"//detail.tmall.com/item.htm?id=\u003d618904234386\u0026ns\u003d1\u0026abbucket\u003d2", "view_price":"76.80", "view_fee":"10.00", "item_loc":"上海", "view_sales":"0人付款", "comment_count":"", "user_id":"1020536390", "nick":"云聚算图书专营店", "shopcard":{"levelClasses":[{"levelClass":"icon-supple-level-guan"}, {"levelClass":"icon-supple-level-guan"}, {"levelClass":"icon-supple-level-guan"}, {"levelClass":"icon-supple-level-guan"}], "description":[488,-1,89], "service":[484,-1,62], "encryptedUserId":"UvFNyvm8GMCvSvNTT", "sellerCredit":15, "totalRate":10000}, "icon":[{"title":"尚天猫，就购了", "dom_class":"icon-service-tianmao", "position":"1", "show_type":"0", "icon_category":"baobei", "outer_text":"0", "html":"", "icon_key":"icon-service-tianmao", "trace":"srpservice", "traceIdx":3, "innerText":"天猫宝贝", "url":"//www.tmall.com/"}], "comment_url

经过观察，可以发现包含所需数据的网页源代码符合如下规律：

"raw_title":"名称"

"view_price":"价格"

"view_sales":"×××人付款"

根据上述规律编写出用正则表达式解析和提取数据的代码如下：

```
1  import re
2  title = re.findall('"raw_title":"(.*?)"', res)
3  price = re.findall('"view_price":"(.*?)"', res)
4  sale = re.findall('"view_sales":"(.*?)人付款"', res)
```

通过如下代码将结果打印输出：

```
1  for i in range(len(title)):
2      print(title[i] + '，价格为：' + price[i] + '，销量为：' + sale[i])
```

运行结果如下图所示，可以看到成功地爬取了所需的商品数据。

完整代码汇总如下：

```python
from selenium import webdriver
import time
import requests
import re
headers = {'User-Agent': 'Mozilla/5.0 (Windows NT 10.0; Win64;
x64) AppleWebKit/537.36 (KHTML, like Gecko) Chrome/69.0.3497.100
Safari/537.36'}

# 1. 用Selenium库获取Cookie
browser = webdriver.Chrome()
url = 'https://login.taobao.com/member/login.jhtml'
browser.get(url)
time.sleep(20)  # 等待20秒或更长时间来手动登录（推荐扫码登录）
cookies = browser.get_cookies()  # 获取Cookie

# 2. 修改Cookie的数据格式
cookie_dict = {}
for item in cookies:
    cookie_dict[item['name']] = item['value']

# 3. 通过Requests库使用Cookie
url = 'https://s.taobao.com/search?q=王宇韬'
res = requests.get(url, headers=headers, cookies=cookie_dict).text
if 'fgwyt94' in res:  # 验证是否登录成功
    print('登录成功')

# 4. 用正则表达式提取数据
title = re.findall('"raw_title":"(.*?)"', res)
price = re.findall('"view_price":"(.*?)"', res)
sale = re.findall('"view_sales":"(.*?)人付款"', res)

# 5. 打印输出提取的数据
```

```
31    for i in range(len(title)):
32        print(title[i] + ', 价格为：' + price[i] + ', 销量为：' + sale[i])
```

补充知识点 1：淘宝网多页数据爬取

为了爬取多页数据，在浏览器中翻页，会发现网址有如下规律（这里将网址中一些没有变化的参数删除了）：

第 1 页网址：https://s.taobao.com/search?q=王宇韬

第 2 页网址：https://s.taobao.com/search?q=王宇韬&s=44

第 3 页网址：https://s.taobao.com/search?q=王宇韬&s=88

可以看到，在翻页的过程中，主要变化的是一个名为 s 的参数，而且可以推测第 n 页的参数 s 的值为 $44 \times (n-1)$，所以可以得到如下规律：

第 n 页网址：https://s.taobao.com/search?q=王宇韬&s=$44 \times (n-1)$

得到网址的规律后，便可以通过 for 循环语句来爬取多页数据了。在获取到 Cookie 并修改数据格式后，通过如下代码来爬取多页数据：

```
1     res_all = ''  # 构造一个空字符串，用于汇总每一页的网页源代码
2     for i in range(3):  # 这里演示爬取3页
3         page = i * 44  # i是从0开始的，所以第1页就是0*44
4         url = 'https://s.taobao.com/search?q=王宇韬&s=' + str(page)
5         res = requests.get(url, headers=headers, cookies=cookie_
          dict).text
6         res_all = res_all + res  # 拼接每一页的网页源代码
7
8     title = re.findall('"raw_title":"(.*?)"', res_all)
9     price = re.findall('"view_price":"(.*?)"', res_all)
10    sale = re.findall('"view_sales":"(.*?)人付款"', res_all)
11
12    for i in range(len(title)):
13        print(title[i] + ', 价格为：' + price[i] + ', 销量为：' +
          sale[i])
```

补充知识点 2：淘宝网的动态渲染处理

这里解释一下为什么之前说用 BeautifulSoup 库难以解析获取的网页源代码 res，这是因为通过 Requests 库获取的是动态渲染前的网页源代码，缺失了不少信息。感兴趣的读者可以在 res 中搜索在开发者工具中看到的一些内容，会发现搜索不到，例如，下图中的 class 属性值就无法在 res 中搜索到。

对于这种动态渲染导致无法获取完整网页源代码的问题，可以用 Selenium 库来解决，代码如下：

```
1  browser.get('https://s.taobao.com/search?q=王宇韬')
2  time.sleep(20)  # 设置足够的等待时间，用于手动登录
3  data = browser.page_source  # 得到的data就是开发者工具中看到的完整的网页源代码
```

注意，如果之前没有登录，那么在利用 Selenium 库直接访问商品页面时，同样需要等待一定的时间用于完成手动登录。

上述方法不用获取 Cookie 也能爬取数据，看起来似乎比本节介绍的方法（Selenium 库获取 Cookie + Requests 库爬取数据）更快捷，但是考虑到 Requests 库的爬取速度比 Selenium 库要快一些，在爬取量较大或对速度要求较高时，本节介绍的方法还是有不少可取之处的。

1.3　案例实战 2：模拟登录新浪微博并爬取数据

新浪微博也是一个对登录有一定要求的网站。本节继续用上一节介绍的方法模拟登录新浪微博，并爬取热搜榜的内容。

1.3.1　获取 Cookie 模拟登录新浪微博

和之前利用 Cookie 模拟登录淘宝一样，先用 Selenium 库获取 Cookie，再修改 Cookie 的数据格式，最后通过 Requests 库使用 Cookie。

1．用 Selenium 库获取 Cookie

1.2 节使用扫码方式手动登录，这里换一种方式，使用账号登录。输入账号和密码后，页面中会出现一个图像验证码，如下图所示，需要输入正确的验证码才能继续进行登录操作。

这是一个"字母 + 数字"类型的图像验证码，可以用专业的付费验证码识别库来识别（经测试，一些免费的图像识别库无法识别）。这里推荐使用超级鹰图像识别库，第 2 章会重点讲解如何使用超级鹰来破解各种验证码，这里直接给出代码，也为第 2 章的学习做一个"预热"。读者如果暂时看不明白，那么也可以像 1.2 节那样手动登录，然后获取 Cookie。

（1）自动输入账号和密码

通过如下代码可以用 Selenium 库自动输入账号和密码：

```
1   from selenium import webdriver
2   import time
3   from chaojiying import Chaojiying_Client  # 导入超级鹰库，用于识别图
    像验证码
4
5   # 1. 模拟访问网址
6   url = 'https://weibo.com/'
7   browser = webdriver.Chrome()
```

```
8    browser.get(url)  # 访问新浪微博首页
9    browser.maximize_window()  # 将模拟浏览器窗口最大化，以显示登录框
10   time.sleep(5)  # 等待5秒
11
12   # 2. 输入账号和密码，也可以把上面的等待时间设置为30秒，然后手动登录
13   browser.find_element_by_xpath('//*[@id="loginname"]').send_keys('新
     浪微博账号')  # 模拟输入新浪微博账号
14   browser.find_element_by_xpath('//*[@id="pl_login_form"]/div/div[3]
     /div[2]/div/input').send_keys('新浪微博密码')  # 模拟输入新浪微博密码
15   time.sleep(1)
```

第 3 行代码中的 chaojiying 就是超级鹰库，也是之后识别验证码需要用到的库，要成功导入这个库比较麻烦，第 2 章会讲解具体操作。第 9 行代码用 maximize_window() 函数将模拟浏览器窗口最大化，以显示页面右侧的登录框。第 10 行代码等待 5 秒。第 13 行和第 14 行代码用 find_element_by_xpath() 函数根据 XPath 表达式分别定位账号和密码输入框（XPath 表达式的获取方法参见《零基础学 Python 网络爬虫案例实战全流程详解（入门与提高篇）》第 4 章），然后用 send_keys() 函数输入账号和密码。第 15 行代码等待 1 秒再进行下一步操作。

（2）自动完成验证并登录

接着要进行图像验证码的识别和输入，然后自动模拟单击"登录"按钮，代码如下：

```
1    # 3. 识别图像验证码，详细内容见第2章
2    try:
3        browser.find_element_by_xpath('//*[@id="pl_login_form"]/div/
         div[3]/div[3]/a/img').screenshot('weibo.png')  # 保存验证码截图
4        chaojiying = Chaojiying_Client('超级鹰账号', '超级鹰密码', '软件
         ID')  # 连接超级鹰远程服务
5        im = open('weibo.png', 'rb').read()  # 打开前面保存的验证码截图
6        code = chaojiying.PostPic(im, 1902)['pic_str']  # 识别验证码
7        print(code)  # 打印输出识别结果
8        browser.find_element_by_xpath('//*[@id="pl_login_form"]/div/
         div[3]/div[3]/div/input').send_keys(code)  # 在验证码输入框中模
         拟输入识别出的验证码
9    except:
```

```
10      print('无验证码')  # 偶尔会不出现验证码，用try/except语句处理报错
11
12    # 4. 单击"登录"按钮，完成登录
13    time.sleep(1)
14    browser.find_element_by_xpath('//*[@id="pl_login_form"]/div/div[3]
      /div[6]/a').click()  # 模拟单击"登录"按钮
```

因为新浪微博在登录时偶尔会不要求输入验证码，所以这里用 try/except 语句来处理异常。第 3～8 行代码是用超级鹰识别验证码的常规写法，每一行代码的含义都进行了注释，第 2 章会有更详细的讲解。

运行代码后，程序会自动完成验证码的识别和输入，如右图所示。偶尔会因为网络问题或者识别有误导致验证失败，可以多试几次，或者进行无限尝试直到成功为止（详见2.5.3 节）。

验证成功后，用第 13 行代码等待 1 秒，再用第 14 行代码模拟单击"登录"按钮，进入新浪微博的个人页面，如下图所示。可以看到右上角会显示用户昵称，如笔者设置的"华小萌 AI"。

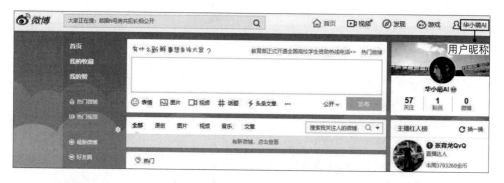

（3）获取 Cookie

登录成功后就可以和 1.2 节一样获取 Cookie 了，代码如下：

```
1    # 5. 获取Cookie
2    cookies = browser.get_cookies()
```

2. 修改 Cookie 的数据格式

获得 Cookie 值后进行数据格式的修改，代码如下：

```
1  # 6. 修改Cookie的数据格式
2  cookie_dict = {}
3  for item in cookies:
4      cookie_dict[item['name']] = item['value']
```

3. 通过 Requests 库使用 Cookie

有了格式符合要求的 Cookie 数据，就可以通过 Requests 库进行模拟登录了。这里模拟访问新浪微博的热搜榜，网址为 https://s.weibo.com/top/summary?cate=realtimehot，如下图所示。如果登录成功，会在右上角显示用户昵称。

通过 Requests 库使用 Cookie 模拟登录的代码如下：

```
1  import requests
2  headers = {'User-Agent': 'Mozilla/5.0 (Windows NT 10.0; Win64;
   x64) AppleWebKit/537.36 (KHTML, like Gecko) Chrome/69.0.3497.100
   Safari/537.36'}
3  url = 'https://s.weibo.com/top/summary?cate=realtimehot'
4  res = requests.get(url, headers=headers, cookies=cookie_dict).text
5
6  if '华小萌AI' in res:  # 通过确认网页源代码中是否有昵称来判断是否登录成功
7      print('登录成功')
```

运行结果如下：

1	登录成功

至此便成功实现了通过 Cookie 模拟登录新浪微博，并获取热搜榜的网页源代码，1.3.2 节将接着提取热搜榜中的信息。

1.3.2　爬取新浪微博热搜榜信息

这里使用正则表达式爬取热搜榜中的热搜关键词和热搜指数。先用开发者工具观察网页源代码，可以看到其规律还是比较好找的，具体如下图所示。

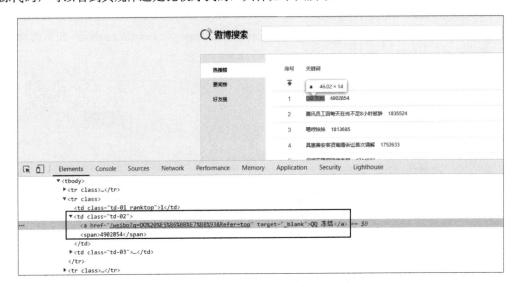

在 Python 获取的网页源代码 res 中对规律进行确认，如下图所示。

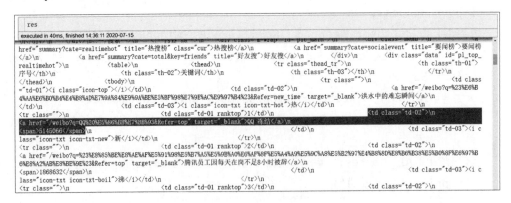

最终得到包含热搜关键词和热搜指数的网页源代码有如下规律：

<td class="td-02">换行及不相关内容>热搜关键词</a>
<td class="td-02">换行及不相关内容热搜指数

根据上述规律编写出用正则表达式提取热搜关键词和热搜指数的代码如下。这里因为存在换行，所以在 findall() 函数中需要加上 re.S。

```
1   p_title = '<td class="td-02">.*?>(.*?)</a>'
2   p_hot = '<td class="td-02">.*?<span>(.*?)</span>'
3   title = re.findall(p_title, res, re.S)
4   hot = re.findall(p_hot, res, re.S)
```

提取所需信息后，进行简单的数据处理，并将结果打印输出，代码如下：

```
1   title = title[1:]   # 从第2个热搜关键词开始输出
2   for i in range(len(title)):
3       print(title[i], hot[i])   # 同时打印输出多个值时用逗号分隔
```

需要注意的是，热搜榜中有一条置顶内容是没有热搜指数的，如下图所示。因此，在打印输出结果时，为了使热搜关键词和热搜指数的数量一致，在第 1 行代码中通过列表切片从第 2 个热搜关键词开始输出。

最终打印输出结果如下（部分内容从略）：

```
1   QQ冻结  4902854
2   腾讯员工因每天在岗不足8小时被辞  1835524
3   嗯哼妹妹  1813685
4   ············
```

完整代码汇总如下：

```
1   from selenium import webdriver
2   import time
3   from chaojiying import Chaojiying_Client  # 导入用于识别图像验证码的库
4   import requests
5   import re
6   headers = {'User-Agent': 'Mozilla/5.0 (Windows NT 10.0; Win64;
    x64) AppleWebKit/537.36 (KHTML, like Gecko) Chrome/69.0.3497.100
    Safari/537.36'}
7
8   # 1. 模拟访问网址
9   url = 'https://weibo.com/'
10  browser = webdriver.Chrome()
11  browser.get(url)  # 访问新浪微博首页
12  browser.maximize_window()  # 将模拟浏览器窗口最大化，以显示登录框
13  time.sleep(5)  # 等待5秒
14
15  # 2. 输入账号和密码，也可以把上面的等待时间设置为30秒，然后手动登录
16  browser.find_element_by_xpath('//*[@id="loginname"]').send_keys('新
    浪微博账号')  # 模拟输入新浪微博账号
17  browser.find_element_by_xpath('//*[@id="pl_login_form"]/div/div[3]
    /div[2]/div/input').send_keys('新浪微博密码')  # 模拟输入新浪微博密码
18  time.sleep(1)
19
20  # 3. 识别图像验证码
21  try:
22      browser.find_element_by_xpath('//*[@id="pl_login_form"]/div/
        div[3]/div[3]/a/img').screenshot('weibo.png')  # 保存验证码截图
23      chaojiying = Chaojiying_Client('超级鹰账号', '超级鹰密码', '软件
        ID')  # 连接超级鹰远程服务
24      im = open('weibo.png', 'rb').read()  # 打开前面保存的验证码截图
25      code = chaojiying.PostPic(im, 1902)['pic_str']  # 识别验证码
26      print(code)  # 打印输出识别结果
```

```python
27    browser.find_element_by_xpath('//*[@id="pl_login_form"]/div/
      div[3]/div[3]/div/input').send_keys(code)   # 在验证码输入框中模
      拟输入识别出的验证码
28  except:
29      print('无验证码')   # 偶尔会不出现验证码，用try/except语句处理报错
30
31  # 4. 单击“登录”按钮，完成登录
32  time.sleep(1)
33  browser.find_element_by_xpath('//*[@id="pl_login_form"]/div/div[3]
    /div[6]/a').click()   # 模拟单击“登录”按钮
34
35  # 5. 获取Cookie
36  cookies = browser.get_cookies()
37
38  # 6. 修改Cookie的数据格式
39  cookie_dict = {}
40  for item in cookies:
41      cookie_dict[item['name']] = item['value']
42
43  # 7. 获取新浪微博热搜榜的网页源代码
44  url = 'https://s.weibo.com/top/summary?cate=realtimehot'
45  res = requests.get(url, headers=headers, cookies=cookie_dict).text
46
47  if '华小萌AI' in res:   # 通过确认网页源代码中是否有昵称来判断是否登录成功
48      print('登录成功')
49
50  # 8. 用正则表达式提取数据
51  p_title = '<td class="td-02">.*?>(.*?)</a>'
52  p_hot = '<td class="td-02">.*?<span>(.*?)</span>'
53  title = re.findall(p_title, res, re.S)
54  hot = re.findall(p_hot, res, re.S)
55
56  title = title[1:]   # 从第2个热搜关键词开始输出
```

```
57    for i in range(len(title)):
58        print(title[i], hot[i])   # 同时打印输出多个值时用逗号分隔
```

　　至此，Cookie 模拟登录的知识便讲解完了。本章介绍的方法（用 Selenium 库获取 Cookie，再通过 Requests 库使用 Cookie）在商业实战中的应用非常广泛，除了上面的案例外，还可以实现淘宝秒杀抢单、新浪微博评论爬取等操作，感兴趣的读者可以自行尝试。

　　有的网站会对访问次数太多的账号采取限制登录的措施，应对办法是多准备几个账号，将它们的 Cookie 组成一个 Cookie 池，这样一个账号的 Cookie 失效后还可以使用另一个账号的 Cookie。此外，因为 Session 的过期时间通常为 30 分钟，所以每隔 15 或 30 分钟，还需要用每个备用账号模拟访问目标网站，以保持激活状态。目前笔者还未遇到需要使用 Cookie 池的情况，读者如果在实践中遇到需要使用 Cookie 池的情况，可以自行尝试。

课后习题

1．利用 Cookie 模拟登录淘宝，爬取多页商品的名称、价格、销量数据。

2．用 pandas 库将上一题爬取的数据导出为 Excel 工作簿。

3．利用 Cookie 模拟登录新浪微博，爬取自己关注的一个用户最近发布的信息。

第2章
验证码反爬的应对

有些网站为了避免被过度访问，会设置验证码反爬机制，如果访问次数过多就要求用户输入验证码，甚至一开始访问时就要求输入验证码。验证码的类型很多，本章会讲解其中常见的图像验证码、计算题验证码、滑块验证码、滑动拼图验证码、点选验证码。

设置了验证码反爬机制的网站通常不希望被爬虫过度爬取，有的网站还会经常更换验证码类型，因此，本章主要使用专门搭建的本地网页（HTML 文件）来讲解如何应对验证码反爬。

> **注意：** 本章介绍的方法仅针对单纯的验证码反爬。有些网站除了验证码反爬，还会采用其他反爬手段（如针对 Selenium 库的 webdriver 拦截），此时本章介绍的方法就会失效。

2.1 图像验证码

图像验证码是最常见的验证码类型，主要分为英文验证码和中文验证码。英文验证码的内容结合了英文字母和数字（见下左图），中文验证码的内容以简体汉字为主（见下右图）。

识别图像验证码的关键是图像文字识别（OCR）。Python 有开源的文字识别库 PyTesseract，但是这个库的识别效果很一般，遇到稍微复杂一点的图像就识别不出来；百度也提供了文字识别接口，每天可以免费调用一定次数，但遇到稍微复杂一点的图像也识别不出来。

目前市面上笔者觉得最好的验证码识别平台是超级鹰，它是一个收费平台，但是价格并不贵，1 元（对应平台的 1000 题分）可以识别约 100 次。如果只是练手，可以选择自定义充值 1 元，或者在注册新用户并绑定微信后领取赠送的 1000 题分。

因为超级鹰的识别效果最好，且实战应用中最为有效，所以这里主要讲解使用超级鹰识别验证码的方法。百度的文字识别接口则在 2.1.3 节的"补充知识点"中进行简单介绍。至于 PyTesseract 库，虽然免费，但是安装较为烦琐，而且识别效果很一般，所以本书不予讲解。

2.1.1　超级鹰平台注册

超级鹰的官方网站为 https://www.chaojiying.com/，可以在页面右上角进行注册。注册并登录后进入用户中心，按照页面左下角的提示扫描二维码绑定微信，可领取超级鹰赠送给新用户的 1000 题分（题分就是积分），如下图所示。

随后便可用赠送的题分在免费测试页面（https://www.chaojiying.com/demo.html）进行测试，如下图所示。读者可以自行搜索一些图像验证码或者利用本书提供的 HTML 文件进行测试。

2.1.2 超级鹰 Python 接口的使用

打开超级鹰的 Python 开发文档页面（https://www.chaojiying.com/api-14.html），单击链接下载官方提供的示例代码，如下图所示。该代码是基于 Python 2 编写的，而我们现在使用的通常是 Python 3，因此，需要根据页面中的说明修改代码。例如，Python 2 的 print() 函数没有括号，所以需要在 print 后加括号，此外还需要把一些不规范的缩进改为规范的【Tab】键缩进。不愿意自己修改的读者可以直接从本书的配套代码文件中下载笔者修改好的代码。

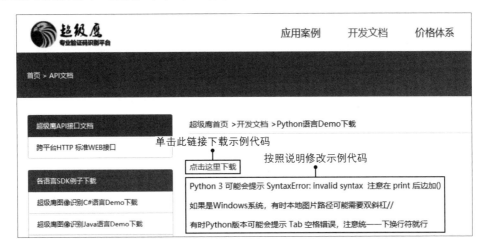

下载得到一个压缩包，解压缩后得到如右图所示的文件，其中的"chaojiying.py"就是示例代码。

示例代码中主要定义了一个超级鹰的类 Chaojiying_Client，原先是用 Python 2 编写的，笔者已经做了修改以适用于 Python 3。修改后的代码如下，读者简单浏览即可，不需要理解其含义，代码的使用方法并不难，后续会讲解。

```python
import requests
from hashlib import md5

class Chaojiying_Client(object):

    def __init__(self, username, password, soft_id):
        self.username = username
```

```
 8          password =  password.encode('utf8')
 9          self.password = md5(password).hexdigest()
10          self.soft_id = soft_id
11          self.base_params = {
12              'user': self.username,
13              'pass2': self.password,
14              'softid': self.soft_id,
15          }
16          self.headers = {
17              'Connection': 'Keep-Alive',
18              'User-Agent': 'Mozilla/4.0 (compatible; MSIE 8.0; Win-
                dows NT 5.1; Trident/4.0)',
19          }
20
21      def PostPic(self, im, codetype):
22          """
23          im: 图片字节
24          codetype: 题目类型，参考http://www.chaojiying.com/price.html
25          """
26          params = {
27              'codetype': codetype,
28          }
29          params.update(self.base_params)
30          files = {'userfile': ('ccc.jpg', im)}
31          r = requests.post('http://upload.chaojiying.net/Upload/
                Processing.php', data=params, files=files, headers=self.
                headers)
32          return r.json()
33
34      def ReportError(self, im_id):
35          """
36          im_id: 报错题目的图片ID
37          """
```

```
38      params = {
39          'id': im_id,
40      }
41      params.update(self.base_params)
42      r = requests.post('http://upload.chaojiying.net/Upload/Re-
        portError.php', data=params, headers=self.headers)
43      return r.json()
```

随后需要将修改好的"chaojiying.py"复
制到用于识别图像验证码的代码文件所在的
文件夹中，如右图所示。其中"a.png"是要
识别的图像验证码，"test.py"是用于识别图
像验证码的代码文件。

"test.py"中的代码内容如下：

```
1   from chaojiying import Chaojiying_Client
2
3   def cjy():    # 使用超级鹰识别图像验证码的自定义函数
4       chaojiying = Chaojiying_Client('账号', '密码', '软件ID')
5       im = open('a.png', 'rb').read()    # 打开本地图片文件
6       code = chaojiying.PostPic(im, 1902)['pic_str']
7       return code    # code作为函数返回值
8
9   result = cjy()    # 调用函数识别验证码，并将识别结果赋给变量result
10  print(result)    # 打印输出识别结果
```

第 1 行代码从"chaojiying.py"文件中引用 Chaojiying_Client 类，这是从库中引用类的固
定写法，之前也接触过，如 from selenium import webdriver。

第 3 行代码定义了一个 cjy() 函数，以方便后续调用。

第 4 行代码需要传入超级鹰的账号、密码和软件 ID。账号和密码就是前面注册超级鹰时
填写的账号和密码，软件 ID 则需要到超级鹰的用户中心去生成。如下图所示，在浏览器中打
开超级鹰的用户中心，❶单击左下方的"软件 ID"链接，❷在右侧单击"生成一个软件 ID"
链接，❸然后选中并复制生成的软件 ID，粘贴到代码中的相应位置即可。

零基础学 **Python** 网络爬虫

案例实战全流程详解（高级进阶篇）

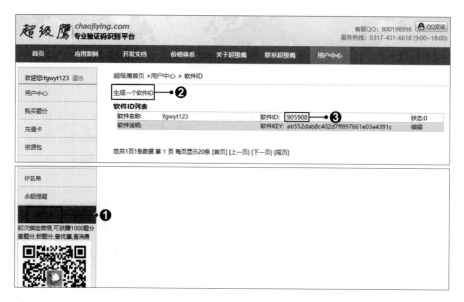

第 5 行代码用于打开本地的验证码图片文件，这里的 'a.png' 是一个相对路径（即代码文件所在的文件夹），可以根据实际需要改成其他路径。

补充知识点：文件的相对路径与绝对路径

文件的相对路径就是代码文件所在的文件夹。例如，'a.png' 表示该文件位于代码文件所在的文件夹下。

文件的绝对路径就是文件的完整路径，如 'E:\验证码识别\a.png'。因为在 Python 中 "\\" 有特殊含义，如 "\n" 表示换行，所以通常建议在书写绝对路径时用两个 "\\" 来取消单个 "\\" 的特殊含义，写成 'E:\\验证码识别\\a.png'。

此外，还可以在文件路径的字符串前加一个字母 "r" 来取消单个 "\\" 的特殊含义，如 r'E:\验证码识别\a.png'，或者用一个 "/" 来代替 "\\"，如 'E:/验证码识别/a.png'。

第 6 行代码调用 PostPic() 函数进行识别。第 1 个参数代表前面打开的图片文件，第 2 个参数为验证码类型编号，这里设置的 1902 对应 4～6 位的英文字母和数字。PostPic() 函数返回的是一个如下所示的字典，其中键 'pic_str' 对应的值是识别结果，所以需要通过 ['pic_str'] 提取识别结果。

```
1   {'err_no': 0, 'err_str': 'OK', 'pic_id': '31091131544299000030',
    'pic_str': 'tmmv', 'md5': '01c9211858c13e1f798183d530ec5657'}
```

不同的验证码类型要使用不同的编号参数，具体见 https://www.chaojiying.com/price.html，如下图所示。这里要识别的"a.png"是一个 4 位的英文验证码，查表可知 1902、1004 等都适用，这里使用官方推荐的 1902，速度比 1004 快。此外，在选择时还要注意仔细阅读收费标准。

英文数字		
验证码类型	验证码描述	官方单价(题分)
1902	常见4~6位英文数字	10,12,15
1101	1位英文数字	10
1004	1~4位英文数字	10
1005	1~5位英文数字	12
1006	1~6位英文数字	15
1007	1~7位英文数字	17.5
1008	1~8位英文数字	20
1009	1~9位英文数字	22.5
1010	1~10位英文数字	25
1012	1~12位英文数字	30
1020	1~20位英文数字	50

中文汉字		
验证码类型	验证码描述	官方单价(题分)
2001	1位纯汉字	10
2002	1~2位纯汉字	20
2003	1~3位纯汉字	30
2004	1~4位纯汉字	40
2005	1~5位纯汉字	50
2006	1~6位纯汉字	60
2007	1~7位纯汉字	70

第 9 行和第 10 行代码调用前面定义的 cjy() 函数识别"a.png"文件并打印输出识别结果。运行结果如下，可以看到识别正确。

```
1    tmmv
```

如果不想通过复制"chaojiying.py"文件并在第 1 行代码引用类的方式进行操作，那么也可以把第 1 行代码替换成"chaojiying.py"文件中的所有代码，其余代码无须修改。

总结一下，使用超级鹰 Python 接口的核心代码就是如下 5 行：

```
1    def cjy():
2        chaojiying = Chaojiying_Client('账号', '密码', '软件ID')
3        im = open('a.png', 'rb').read()  # 打开本地图片文件
```

```
4    code = chaojiying.PostPic(im, 1902)['pic_str']  # 4位英文验证码
     用1902
5    return code
```

如果不想定义函数，也可以通过如下代码直接使用超级鹰，但这样会不方便重复调用。

```
1    chaojiying = Chaojiying_Client('账号', '密码', '软件ID')
2    im = open('a.png', 'rb').read()
3    code = chaojiying.PostPic(im, 1902)['pic_str']
4    print(code)
```

技巧：如果不想每次编写代码时都把"chaojiying.py"文件复制到代码文件所在文件夹，则可将该文件复制到 Python 安装位置下的 Lib 文件夹。Lib 是 library（库）的缩写，该文件夹下是所有已安装的库。

打开命令行窗口，输入并执行命令"where python"，即可查询 Python 的安装位置，如下左图所示。这里查询到笔者的 Python 安装位置为"C:\Users\wangyt\Anaconda3\"，故需将"chaojiying.py"文件复制到"C:\Users\wangyt\Anaconda3\Lib\"下，如下右图所示。随后就可以直接在代码中使用 from chaojiying import Chaojiying_Client 来导入超级鹰库了。

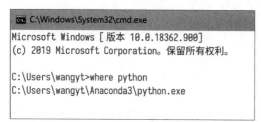
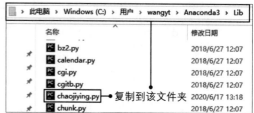

2.1.3　案例实战：英文验证码和中文验证码识别

前面用一个单独的图片文件讲解了如何使用超级鹰识别验证码，那么对于网页中的验证码又该如何操作呢？本节将使用笔者自己搭建的本地网页作为处理对象，用超级鹰完成英文验证码和中文验证码的识别，实际网站的验证码识别案例可以参考 1.3.1 节。

1．英文验证码识别

首先要把"chaojiying.py"文件复制到编写代码的文件夹中，如下图所示。或者复制到 Python 安装位置下的 Lib 文件夹中。

将该代码文件复制到编写代码的文件夹中

该文件夹中的 "index.html" 文件就是事先搭建好的本地网页，在浏览器中打开该文件，效果如下图所示。可以看到网页中有一个英文验证码图片、一个验证码输入框和一个 "验证" 按钮，地址栏中显示的则是这个本地网页的文件路径。

接着来编写代码。识别网页中图像验证码的常规操作步骤如下：

❶用 Selenium 库打开网页；

❷用 Selenium 库的 screenshot() 函数截取验证码图片；

❸用 cjy() 函数识别图像内容；

❹用 Selenium 库模拟输入验证码，再模拟单击 "验证" 按钮。

根据上述步骤，先导入 Selenium 库并打开网页，代码如下：

```
1    from selenium import webdriver
2    browser = webdriver.Chrome()
3    url = r'E:\验证码反爬\英文图像验证码\index.html'
4    browser.get(url)  # 用模拟浏览器打开网页
```

需要注意的是，第 3 行代码中的网址必须是网页文件的绝对路径，虽然 Python 可以识别相对路径，但是浏览器只能识别绝对路径下的网页文件。

然后用 XPath 表达式定位验证码，再用 screenshot() 函数保存为图片文件。获取验证码的 XPath 表达式的方法为：按【F12】键打开开发者工具，❶单击元素选择工具按钮，❷在上方的网页中选中验证码图片，在开发者工具中会自动选中对应的网页源代码，❸在网页源代码上右击，❹在弹出的快捷菜单中执行"Copy>Copy XPath"命令，如下图所示。

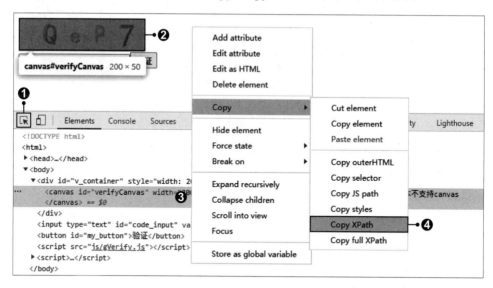

用复制的 XPath 表达式编写出如下代码：

```
1   browser.find_element_by_xpath('//*[@id="verifyCanvas"]').screen-
    shot('a.png')
```

注意：用 screenshot() 函数保存图片文件时使用的路径需与 cjy() 函数中打开图片文件时使用的路径保持一致。如果在这里修改了文件路径，则要相应修改 cjy() 函数中的文件路径。

接着定义 cjy() 函数，相关代码在 2.1.2 节已讲解过，具体如下：

```
1   def cjy():
2       chaojiying = Chaojiying_Client('账号', '密码', '软件ID')   # 根
        据实际情况修改账号、密码、软件ID
3       im = open('a.png', 'rb').read()
4       code = chaojiying.PostPic(im, 1902)['pic_str']
5       return code
```

有了 cjy() 函数后，通过如下代码即可获取识别结果：

```
1   result = cjy()   # 调用cjy()函数识别验证码
```

一旦获取到识别结果，就可通过 Selenium 库模拟键盘和鼠标操作，输入验证码并单击"验

证"按钮,完成验证,代码如下:

```
1  browser.find_element_by_xpath('//*[@id="code_input"]').send_keys
   (result)  # 模拟输入验证码
2  browser.find_element_by_xpath('//*[@id="my_button"]').click()  # 模
   拟单击"验证"按钮
```

代码运行结果如下图所示,可以看到最终验证成功。

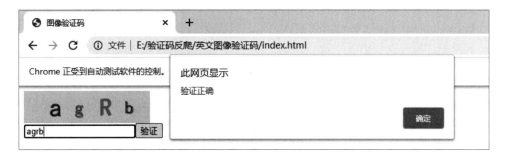

完整代码如下:

```
1   from chaojiying import Chaojiying_Client
2   from selenium import webdriver
3
4   def cjy():   # 使用超级鹰识别图像验证码的自定义函数
5       chaojiying = Chaojiying_Client('账号', '密码', '软件ID')
6       im = open('a.png', 'rb').read()  # 打开本地图片文件
7       code = chaojiying.PostPic(im, 1902)['pic_str']
8       return code
9
10  # 1. 访问网址
11  browser = webdriver.Chrome()
12  url = r'E:\验证码反爬\英文图像验证码\index.html'
13  browser.get(url)  # 用模拟浏览器打开网页
14
15  # 2. 截取验证码图片
16  browser.find_element_by_xpath('//*[@id="verifyCanvas"]').screen-
    shot('a.png')  # 截取验证码图片
```

```
17
18    # 3. 通过超级鹰识别
19    result = cjy()   # 调用cjy()函数识别验证码
20    print(result)
21
22    # 4. 输入验证码并完成验证
23    browser.find_element_by_xpath('//*[@id="code_input"]').send_keys
      (result)   # 模拟输入验证码
24    browser.find_element_by_xpath('//*[@id="my_button"]').click() # 模
      拟单击"验证"按钮
```

技巧：每个读者保存代码的位置都不一样，上述代码第 12 行的网页文件绝对路径需要根据实际情况修改。因为这里是将网页文件和代码文件存放在同一文件夹下，所以也可以在代码中自动获取代码文件所在文件夹的路径，再拼接网页文件的文件名，得到网页文件的绝对路径，这样就不用手动修改网页文件的绝对路径了。代码如下：

```
1    import os
2    current_dir = os.path.dirname(os.path.abspath(__file__))
3    url = current_dir + '/index.html'
```

第 1 行代码导入 Python 内置的 os 系统操作库；第 2 行代码是获取代码文件所在文件夹路径的固定写法；第 3 行代码在文件夹路径的末尾拼接网页文件的文件名。假设第 2 行代码的获取结果是"E:\验证码反爬\英文图像验证码"，那么第 3 行代码拼接后得到的 url 就是"E:\验证码反爬\英文图像验证码\index.html"。

2．中文验证码识别

中文验证码的识别方法和英文验证码的识别方法基本一致，唯一需要修改的就是自定义函数 cjy() 的代码中 PostPic() 函数的第 2 个参数，将原先用于识别英文验证码的 1902 接口改成 2004（详见 https://www.chaojiying.com/price.html）。修改后的 cjy() 函数代码如下：

```
1    def cjy():  # 使用超级鹰识别
2        chaojiying = Chaojiying_Client('账号', '密码', '软件ID')
3        im = open('a.png', 'rb').read()
4        code = chaojiying.PostPic(im, 2004)['pic_str']
```

```
5          return code
```

本书的配套代码文件也提供了包含中文验证码的本地网页文件"index.html"及对应的识别中文验证码的 Python 代码，最终识别效果如下图所示，可以看到识别成功。

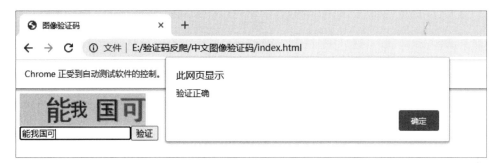

总体来说，超级鹰可以识别大部分图像验证码。对于一些网页中使用的将网页文本转换为图片的反爬方式，也可以用超级鹰来识别图片，从而爬取文本。

> **补充知识点：基于百度接口的 Python 图像文字识别（OCR）**
>
> 　　百度提供的通用文字识别接口目前每天可以免费调用 50000 次，对于比较清晰和简单的图像文字，识别效果还是不错的。而对于稍微复杂的图像验证码，还是推荐使用超级鹰来识别。
>
> 　　这里以视频的方式简单讲解一下如何利用百度接口进行图像文字识别，主要内容包括前期账号注册和准备、Python 接口的调用方法。请读者扫描右侧二维码在线观看视频。

2.2　计算题验证码

　　计算题验证码的示例如右图所示。它与普通图像验证码的区别在于增加了数学运算，需要将验证码中数学计算题的结果填到文本框中，再单击"验证"按钮。

　　计算题验证码的处理难点在于运算符号的识别。如果将运算符号作为常规的图像文字进行识别，那么很容易出现问题，例如，经常会把乘号"×"或倾斜的加号"＋"识别为字母 x，

导致难以得到正确的计算结果。

超级鹰有专门识别计算题或问答题的接口，如下图所示（详见 https://www.chaojiying. com/price.html）。如果要识别上面示例中的计算题验证码，选择简单计算题类型（6001）即可，单价为 15 题分 / 次，而 1 元可以购买 1000 题分，相当于 0.015 元 / 次，并不是很贵。

问答类型		
验证码类型	验证码描述	官方单价(题分)
6001	计算题	15
6003	复杂计算题	25
6002	选择题四选一(ABCD或1234)	15
6004	问答题, 智能回答题	15

具体到 Python 代码层面，只需修改前面定义的 cjy() 函数的代码，将其中 PostPic() 函数的第 2 个参数改成 6001，修改后的代码如下，超级鹰会自动识别计算题并返回计算结果。

```
1  def cjy():
2      chaojiying = Chaojiying_Client('账号', '密码', '905908')
3      im = open('a.png', 'rb').read()  # 打开本地图片文件
4      code = chaojiying.PostPic(im, 6001)['pic_str']  # 第2个参数为6001
5      return code  # 返回计算结果
```

解决了计算题识别的问题，网页中计算题验证码的处理就变得简单了，常规操作步骤如下：
❶用 Selenium 库打开网页；
❷用 Selenium 库的 screenshot() 函数截取验证码图片；
❸用 cjy() 函数识别图像中的计算题，并返回计算结果；
❹用 Selenium 库模拟输入计算结果，再模拟单击"验证"按钮。

下面就用本书配套代码文件中的本地网页来进行实践。同样要先把 2.1.2 节中修改好的 "chaojiying.py" 文件复制到编写代码的文件夹中，如下图所示。或者复制到 Python 安装位置下的 Lib 文件夹中。

本节的代码与 2.1.3 节的代码基本一致，需要修改的地方是 PostPic() 函数的第 2 个参数及本地网页的文件路径。修改后的代码如下：

```
from chaojiying import Chaojiying_Client
from selenium import webdriver

def cjy():  # 使用超级鹰识别计算题验证码的自定义函数
    chaojiying = Chaojiying_Client('账号', '密码', '软件ID')
    im = open('a.png', 'rb').read()  # 打开本地图片文件
    code = chaojiying.PostPic(im, 6001)['pic_str']  # 第2个参数为6001
    return code

# 1. 访问网址
browser = webdriver.Chrome()
url = r'E:\验证码反爬\计算题验证码\index.html'  # 根据实际情况修改，或者用2.1.3节介绍的技巧自动生成
browser.get(url)  # 用模拟浏览器打开网页

# 2. 截取验证码图片
browser.find_element_by_xpath('//*[@id="verifyCanvas"]').screen-shot('a.png')  # 截取验证码图片

# 3. 通过超级鹰识别
result = cjy()  # 调用cjy()函数识别验证码并返回计算结果
print(result)

# 4. 输入计算结果并完成验证
browser.find_element_by_xpath('//*[@id="code_input"]').send_keys(result)  # 模拟输入计算结果
browser.find_element_by_xpath('//*[@id="my_button"]').click() # 模拟单击 "验证" 按钮
```

运行代码后，print(result) 输出的计算结果如下：

```
1    -2
```

识别效果如下图所示，可以看到验证成功。

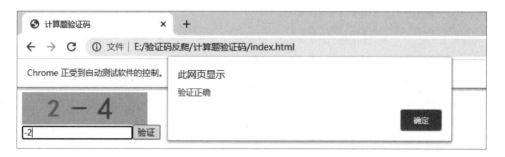

2.3　滑块验证码

本节要讲解如下左图所示的滑块验证码（更为复杂的滑动拼图验证码在 2.4 节介绍）。这种验证码的验证机制比较简单：将滑块拖动到滑轨的最右端即可完成验证，如下右图所示。如果未将滑块拖动到滑轨的最右端，则无法通过验证，验证失败后滑块会回到起始位置。

由滑块验证码的验证机制可知，网页中滑块验证码处理的基本思路如下：

❶用 Selenium 库打开网页；

❷用 Selenium 库定位滑块；

❸用 Selenium 库模拟鼠标操作，拖动滑块到滑轨的最右端，完成验证。

其中的关键是需要用 Selenium 库模拟鼠标拖动滑块滑动一定的距离。因为滑块的起始位置和滑轨的起始位置相同，所以滑块需要移动的距离等于滑轨的宽度减去滑块的宽度。下面就来利用开发者工具查看滑轨和滑块的宽度。

在浏览器中打开本书配套代码文件中为滑块验证码搭建的本地网页文件"index.html"，打开开发者工具，然后用元素选择按钮选中整个滑轨，此时的界面如下图所示。可以看到其中显示了滑轨的尺寸和颜色等属性。要查看滑轨的尺寸，有两种方法：一种是直接看图上方的"div#code-box.code-box 300×40"，其中的"300×40"就表示宽为 300 像素，高为 40 像素（这里的像素可理解为一种长度单位）；另一种是在界面右侧的"Styles"选项卡中可看到 width（宽度）为 300 像素，height（高度）为 40 像素。

滑块宽度的查看方法和滑轨相同，用元素选择工具选中滑块，可以看到滑块的宽度为 40 像素，如下图所示。由此可知需要模拟滑动的距离为 300 像素－40 像素＝260 像素。

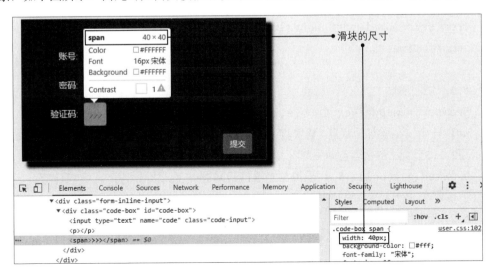

下面开始编写代码。首先用 Selenium 库打开网页，代码如下：

```
1  from selenium import webdriver
2  browser = webdriver.Chrome()
3  url = r'E:\验证码反爬\滑块验证码\index.html'
4  browser.get(url)  # 用模拟浏览器打开网页
```

然后用 Selenium 库定位滑块，代码如下：

```
1  huakuai = browser.find_element_by_xpath('//*[@id="code-box"]/span')
```

定位到滑块后，就可以准备拖动滑块了。在拖动过程中要保持鼠标为按下状态，不能过早松开鼠标，所以不能使用 click() 函数。Selenium 库提供了一个 ActionChains 模块，其中的 click_and_hold() 函数可以使鼠标保持按下状态，release() 函数可以松开鼠标，move_by_offset() 函数可以使鼠标移动。结合使用这些函数即可将滑块拖动一定距离，代码如下：

```
1  action = webdriver.ActionChains(browser)  # 启动动作链
2  action.click_and_hold(huakuai).perform()  # 按住滑块
3  action.move_by_offset(260, 0)  # 移动滑块，其中的260是之前计算出来的
   需要滑动的距离
4  action.release().perform()  # 释放滑块
```

完整代码如下，其中还用 time 库的 sleep() 函数在模拟滑动前等待两秒，以便观察滑动效果。

```
1  from selenium import webdriver
2  import time
3
4  # 1. 访问网址
5  browser = webdriver.Chrome()
6  url = r'E:\验证码反爬\滑块验证码\index.html'  # 根据实际情况修改，或者
   用2.1.3节介绍的技巧自动生成
7  browser.get(url)  # 用模拟浏览器打开网页
8
9  # 2. 定位滑块
10 huakuai = browser.find_element_by_xpath('//*[@id="code-box"]/span')
```

```
11
12   # 3. 开始滑动
13   action = webdriver.ActionChains(browser)  # 启动动作链
14   action.click_and_hold(huakuai).perform()  # 按住滑块
15   time.sleep(2)  # 代码的执行速度很快，所以等待两秒，以便观察滑动效果
16   action.move_by_offset(260, 0)  # 移动滑块
17   action.release().perform()  # 释放滑块
```

最终运行结果如下图所示，模拟滑动成功。

需要注意的是，现在有一些含有滑块验证码的网页会检测当前浏览器是否为 Selenium 库的 webdriver 模拟浏览器，如果是的话，便难以模拟滑动成功。这种反爬机制已经不是验证码反爬，而是 webdriver 反爬，处理起来比较困难。这里说一个讨巧的解决方法：如果是登录阶段需要进行滑动验证（如淘宝的登录），那么可以在代码中用 time.sleep() 等待一段时间，在这段时间内用其他方式手动登录，如手动扫码登录，登录成功后再用 Selenium 库继续爬取。

2.4　滑动拼图验证码

滑动拼图验证码可以算是滑块验证码的进阶版本，其验证机制相对复杂。本节将介绍两种滑动拼图验证码：初级版和高级版。

初级版滑动拼图验证码如下图所示，网页源代码里包含缺口位置信息，利用元素选择工具可以选中缺口，查看缺口位置。

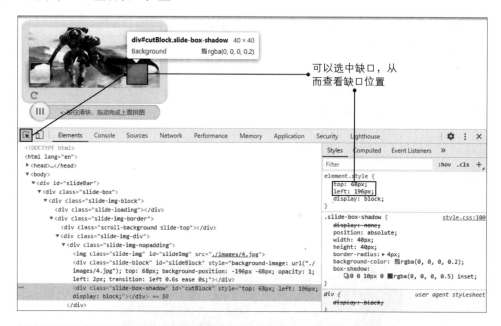

高级版滑动拼图验证码是实际应用中较多见的版本，如下图所示，网页源代码里没有缺口位置信息，故而无法利用元素选择工具选中缺口，需要自行计算缺口位置。

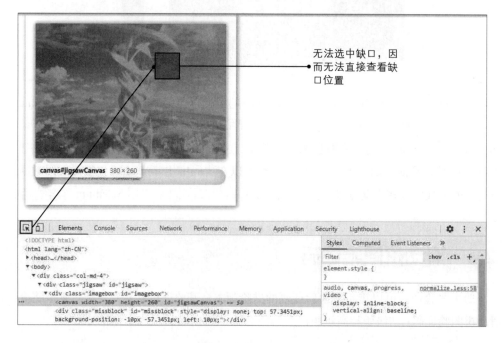

2.4.1 初级版滑动拼图验证码

初级版滑动拼图验证码是在普通滑块验证码的基础上增加了随机的滑动距离，用户需要根据拼图的缺口位置来决定滑块的滑动距离。

如下左图所示为一个滑动拼图验证码的初始状态，注意此时还未显示拼图和缺口。单击滑块后就会出现拼图和缺口，如下右图所示。之后会利用这一特性来找到拼图和缺口的位置。

出现拼图和缺口后，我们需要将下面的滑块拖动到合适的位置，使得拼图正好落入缺口。松开鼠标将自动验证结果，如果拼图填充正确，则通过验证；否则验证失败，滑块回到起始位置，需要重新拖动滑块。

由上述验证机制可知，网页中初级版滑动拼图验证码处理的基本思路如下：

❶用 Selenium 库打开网页；

❷用 Selenium 库定位滑块并模拟单击滑块，让缺口显现出来；

❸找到拼图和缺口的位置，初级版可以直接在网页源代码中找到；

❹计算滑块需要滑动的距离；

❺用 Selenium 库模拟移动滑块，完成验证。

下面开始编写代码。首先用 Selenium 打开网页，代码如下：

```
1  from selenium import webdriver
2  browser = webdriver.Chrome()
3  url = r'E:\验证码反爬\初级滑动拼图验证\index.html'
4  browser.get(url)   # 用模拟浏览器打开网页
```

然后定位滑块并模拟单击滑块，让拼图和缺口显现出来。虽然此时单击滑块会显示验证失败，但这是为了帮助我们获取拼图和缺口的真实位置，以计算滑块需要滑动的距离，代码如下：

```
1   slider = browser.find_element_by_xpath('//*[@id="slideBtn"]')  # 定
    位滑块
2   slider.click()  # 模拟单击滑块，让拼图和缺口显现出来
3   time.sleep(3)  # 等待3秒
```

接着需要找到缺口和拼图的位置，初级版滑动拼图验证码可以直接在网页源代码中找到。
如下图所示，用元素选择工具选中缺口，在网页源代码中查看缺口的 left 属性值，即缺口的
左边界到整张图片的左边界的距离，这里为 122 像素。

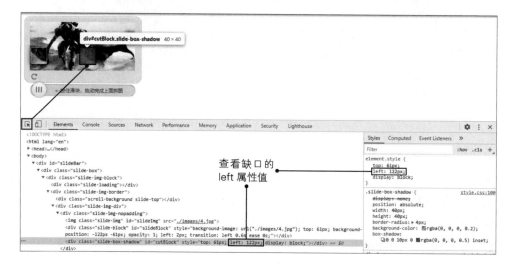

如下图所示，用同样的方法查看拼图的 left 属性值，即拼图的左边界到整张图片的左边
界的距离，这里为 2 像素。

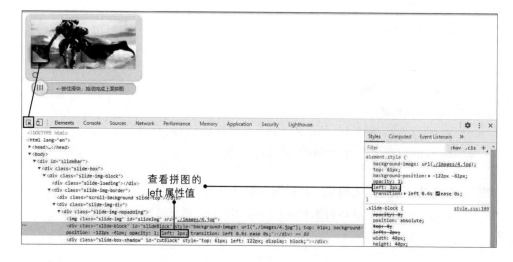

因为拼图的初始 left 属性值始终为 2 像素，所以只需要提取缺口的 left 属性值。这里用正则表达式来提取，代码如下：

```
import re
data = browser.page_source  # 获取网页源代码
p_qk = '<div class="slide-box-shadow".*?left: (.*?)px'  # 编写正则表达式
qk_left = re.findall(p_qk, data, re.S)  # 提取缺口的left属性值
```

获得的 qk_left 如下：

```
['122']
```

将缺口和拼图的 left 属性值相减，就可以得到滑块需要滑动的距离，代码如下：

```
distance = float(qk_left[0]) - float(2)  # 用float()函数将数据都转换为浮点数（即带小数点的数）
print(distance)
```

计算结果如下：

```
120.0
```

计算出滑动距离后，用 2.3 节讲解的方法进行模拟滑动即可，代码如下：

```
action = webdriver.ActionChains(browser)  # 启动动作链
action.click_and_hold(slider).perform()  # 按住滑块
action.move_by_offset(distance, 0)  # 移动滑块
action.release().perform()  # 释放滑块
```

第 1 行代码通过 webdriver.ActionChains(browser) 启动 Selenium 库的动作链，用来模拟动态操作。

第 2 行代码用 click_and_hold() 函数模拟按住鼠标左键不放的动作。

第 3 行代码用 move_by_offset() 函数模拟移动鼠标的动作。该函数有两个参数：第 1 个参数为 x 轴方向的移动距离，这里设置为上面计算出的 distance；第 2 个参数则为 y 轴方向的移动距离，因为这里不需要在 y 轴方向移动，所以设置为 0。

移动指定距离后，第 4 行代码用 release() 函数松开鼠标，即可完成验证。

最后的运行结果如下图所示，可以看到成功地通过了验证。

完整代码如下：

```
1   from selenium import webdriver
2   import time
3   import re
4
5   # 1. 访问网址
6   browser = webdriver.Chrome()
7   url = r'E:\验证码反爬\初级滑动拼图验证码\index.html'
8   browser.get(url)  # 用模拟浏览器打开网页
9
10  # 2. 定位滑块并模拟单击，让缺口显现出来
11  slider = browser.find_element_by_xpath('//*[@id="slideBtn"]')  # 定
    位滑块
12  slider.click()  # 模拟单击滑块，让缺口显现出来
13  time.sleep(3)  # 等待3秒
14
15  # 3. 获取缺口位置
16  data = browser.page_source  # 获取网页源代码
17  p_qk = '<div class="slide-box-shadow".*?left: (.*?)px'  # 编写正则
    表达式
```

```
18  qk_left = re.findall(p_qk, data, re.S)   # 提取缺口的left属性值
19  print(qk_left)
20
21  # 4. 计算滑块需要滑动的距离
22  distance = float(qk_left[0]) - float(2)   # 减去拼图左侧的2像素，获得
    滑动距离
23  print(distance)
24
25  # 5. 开始滑动
26  action = webdriver.ActionChains(browser)   # 启动动作链
27  action.click_and_hold(slider).perform()   # 按住滑块
28  action.move_by_offset(distance, 0)   # 移动滑块
29  action.release().perform()   # 释放滑块
```

补充知识点：模拟缓慢滑动

如果不希望滑动得太快，可以将滑动距离分为 3 段，让滑块分 3 次滑动，每次滑动后等待一定时间，代码如下：

```
1   x1 = distance / 3
2   x2 = x1
3   x3 = distance - x1 - x2
4   action.move_by_offset(x1, 0)
5   time.sleep(1)
6   action.move_by_offset(x2, 0)
7   time.sleep(1)
8   action.move_by_offset(x3, 0)
9   time.sleep(1)
10  action.release().perform()
```

2.4.2　高级版滑动拼图验证码

初级版滑动拼图验证码将拼图和缺口的位置都写在网页源代码中，我们可以直接根据 left

属性值计算滑动距离，从而通过验证。而高级版滑动拼图验证码将缺口融入背景图，我们无法在网页源代码中找到拼图和缺口的位置，这就为这种验证码的模拟验证增加了不小的难度。

人类是通过对比无缺口的图像和有缺口的图像来看出缺口位置的，计算机其实也能做到。使用 PIL 库可以对比无缺口的图像和有缺口的图像，从而计算出滑块需要滑动的距离。在命令行窗口中执行命令 "pip install pillow" 即可安装 PIL 库。如果安装失败，可尝试从镜像服务器安装，具体方法见《零基础学 Python 网络爬虫案例实战全流程详解（入门与提高篇）》1.4.4节，这里不再赘述。

首先用 Selenium 库打开网页，代码如下：

```
1    from selenium import webdriver
2    browser = webdriver.Chrome()
3    url = r'E:\验证码反爬\高级滑动拼图验证码\index.html'
4    browser.get(url)
```

通过 XPath 表达式定位验证码原始图片，截图并保存，代码如下：

```
1    browser.find_element_by_xpath('//*[@id="jigsawCanvas"]').screen-
     shot('origin.png')  # 截取无缺口图像
```

截取到的无缺口图像如下图所示。

接着模拟单击滑块，会出现缺口，再次截图并保存，代码如下：

```
1    slider = browser.find_element_by_xpath('//*[@id="jigsawCircle"]')  # 定
     位滑块
```

```
2  slider.click()  # 模拟单击滑块，让图像出现缺口
3  browser.find_element_by_xpath('//*[@id="jigsawCanvas"]').screen-
   shot('after.png')  # 截取有缺口图像
```

截取到的有缺口图像如下图所示。

可以看到，无缺口图像和有缺口图像只是缺口处不同，其他地方完全相同。对比两幅图像的像素，将不同的像素找出来，就能知道缺口的位置。PIL 库提供的 ImageChops 模块可以对比两幅图像的异同，并给出缺口的位置。通过如下代码从 PIL 库中导入需要使用的模块：

```
1  from PIL import Image, ImageChops
```

用 Image 模块中的 open() 函数打开要对比的两张截图，代码如下：

```
1  image_a = Image.open('origin.png')
2  image_b = Image.open('after.png')
```

接着用 ImageChops 模块中的 difference() 函数对比两张截图的像素，并获取不同之处的坐标值（注意，这种验证码的缺口位置每次都会变化，所以每次获得的坐标值也不一样），代码如下：

```
1  x = ImageChops.difference(image_a, image_b).getbbox()
2  print(x)
```

getbbox() 函数会以元组的形式返回缺口的一组坐标值，下面通过举例进一步说明。假设

本次运行得到的坐标值元组如下：

```
(226, 103, 277, 154)
```

该元组中各个元素的含义为：以图像的
左上角为原点（0，0），前两个元素为缺口左
上角的 x 坐标和 y 坐标，后两个元素为缺口
右下角的 x 坐标和 y 坐标，如右图所示。

因此，元组的第 1 个元素就是缺口的左
边界到图像的左边界的距离，通过 x[0] 来提
取，代码如下：

```
distance = x[0]   # 第1个元素为缺口的左边界到图像的左边界的距离
print(distance)
```

接着用开发者工具查看白色圆角矩形的 left 属性值，也就是圆角矩形的左边界到图像的
左边界的距离，如下图所示。

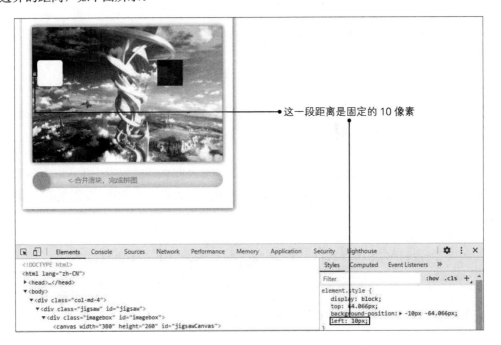

将前面获取的两个距离相减，就是滑块需要滑动的距离。下面来移动滑块，代码如下：

```
1  action = webdriver.ActionChains(browser)   # 启动动作链
2  action.click_and_hold(slider).perform()   # 按住滑块
3  action.move_by_offset(distance - 10, 0)   # 移动滑块
4  action.release().perform()   # 释放滑块
```

运行结果如下图所示，可以看到成功地通过了验证。

完整代码如下：

```
1   from selenium import webdriver
2   import time
3   from PIL import Image, ImageChops
4
5   # 1. 访问网址
6   browser = webdriver.Chrome()
7   url = r'E:\验证码反爬\高级滑动拼图验证码\index.html'
8   browser.get(url)   # 用模拟浏览器打开网页
9   time.sleep(2)   # 等待一定时间，让网页加载完毕
10
11  # 2. 截取无缺口图像
12  browser.find_element_by_xpath('//*[@id="jigsawCanvas"]').screen-
    shot('origin.png')   # 截取无缺口图像并保存
13
```

```
14    # 3. 截取有缺口图像
15    slider = browser.find_element_by_xpath('//*[@id="jigsawCircle"]')  # 定
      位滑块
16    slider.click()   # 模拟单击滑块，让图像出现缺口
17    browser.find_element_by_xpath('//*[@id="jigsawCanvas"]').screen-
      shot('after.png')   # 截取有缺口图像
18
19    # 4. 比较两幅图像，获取需要移动的距离
20    image_a = Image.open('origin.png')   # 打开无缺口图像
21    image_b = Image.open('after.png')   # 打开有缺口图像
22    x = ImageChops.difference(image_a, image_b).getbbox()# 比较两幅图
      像的差别
23    print(x)
24    distance = x[0]   # 第1个元素为缺口的左边界到图像的左边界的距离
25    print(distance)
26
27    # 5. 开始滑动
28    action = webdriver.ActionChains(browser)   # 启动动作链
29    action.click_and_hold(slider).perform()   # 按住滑块
30    action.move_by_offset(distance - 10, 0)   # 移动滑块，移动距离需要减
      去初始圆角矩形的left属性值（10像素），这样更准确
31    action.release().perform()   # 释放滑块
```

2.5 点选验证码

点选验证码是一种相对复杂的验证码，如右图所示，它不仅需要识别文字的内容，而且需要识别文字的位置。

通过传统的图像识别手段来识别点选验证码会比较麻烦，好在超级鹰也提供了相应的接口，如下图所示（详见 https://www.chaojiying.com/price.html）。

坐标类返回值 x,y 更多坐标以|分隔，原图左上角0,0 以像率px为单位，x是横轴，y是纵轴		
9101	坐标选一,返回格式:x,y	15
9102	点击两个相同的字,返回:x1,y1|x2,y2	22
9202	点击两个相同的动物或物品,返回:x1,y1|x2,y2	40
9103	坐标多选,返回3个坐标如:x1,y1|x2,y2|x3,y3	20
9004	坐标多选,返回1~4个坐标如:x1,y1|x2,y2|x3,y3	25
9104	坐标选四,返回格式:x1,y1|x2,y2|x3,y3|x4,y4	30
9005	坐标多选,返回3~5个坐标如:x1,y1|x2,y2|x3,y3	30
9008	坐标多选,返回5~8个坐标,如:x1,y1|x2,y2|x3,y3|x4,y4|x5,y5	40

我们只需修改 2.1 节中定义的 cjy() 函数的代码，将其中 PostPic() 函数的第 2 个参数改成与点选验证码的类型对应的接口，如 9004，修改后的代码如下：

```
1  def cjy():
2      chaojiying = Chaojiying_Client('账号', '密码', '软件ID')
3      im = open('a.png', 'rb').read()  # 打开本地图片文件
4      code = chaojiying.PostPic(im, 9004)['pic_str']  # 使用9004接口
5      return code  # 返回识别结果
```

最后返回的 code 是各个点选文字的坐标，例如，返回的是 282,54|472,59|513,144|342,157，那么 4 个点选文字的坐标分别是（282, 54）、（472, 59）、（513, 144）、（342, 157）。

2.5.1　本地网页识别

先用笔者搭建的本地网页来演示如何用超级鹰识别点选验证码。和 2.1 节讲过的类似，要把"chaojiying.py"文件复制到编写代码的文件夹中，如下图所示。或者复制到 Python 安装位置下的 Lib 文件夹中。

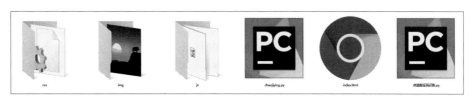

网页中点选验证码识别的基本思路如下：

❶用 Selenium 库打开网页；

❷用 Selenium 库的 screenshot() 函数截取点选验证码的图片并保存；

❸用 cjy() 函数识别点选验证码中各个文字的坐标；

❹对获取的坐标进行数据处理，方便下一步进行模拟单击；

❺用 Selenium 库依次模拟单击文字。

如下图所示，在浏览器中打开包含点选验证码的本地网页文件"index.html"，打开开发者工具，复制点选验证码相关图片的 XPath 表达式（//*[@id="verify"]），编写代码时会用到。

需要注意的是，用元素选择工具选择网页元素时，不仅要包含上方带有文字的图片（如上图中带有"恭""财""喜""发"这 4 个字的风景图片），还需要包含下方的操作说明（如上图中的"请依次点击图中的：恭喜发财"）。这一点其实也很好理解：cjy() 函数不仅需要识别图片中各个文字的位置，还需要识别单击文字的顺序，所以截图时必须包括下方的操作说明。

下面开始编写代码。先用 Selenium 库访问网址，代码如下：

```
1   from selenium import webdriver
2   import time
3   browser = webdriver.Chrome()
4   url = r'E:\验证码反爬\点选验证码\index.html'
5   browser.get(url)  # 在模拟浏览器中打开网页
6   time.sleep(5)  # 等待一定时间，让验证码加载完毕
```

因为本例的点选验证码在刷新时有一个短暂的动态缩放效果，所以在打开网页之后，在第 6 行代码用 time 库的 sleep() 函数等待 5 秒，让验证码加载完毕，使之后的截图更加准确。

接着用 Selenium 库的 screenshot() 函数截取验证码图片，代码如下：

```
1   canvas = browser.find_element_by_xpath('//*[@id="verify"]')  # 定
    位点选验证码
2   canvas.screenshot('a.png')  # 截取图片
```

关于上述代码有两点需要说明：第一，这里没有直接写 browser.find_element_by_xpath('//*[@id="verify"]').screenshot('a.png')，而是先定位点选验证码并赋给变量 canvas（"画布"的意思），再用 screenshot() 函数截取图片，这是因为在后面依次模拟单击文字时需要用到变量 canvas；第二，因为 cjy() 函数中打开的本地图片文件是 "a.png"，所以在截取图片时也要保存为 "a.png"。

然后用超级鹰识别图片，获得各个文字的坐标，代码如下：

```
1   result = cjy()
2   print(result)
```

识别结果如下：

```
1   282,54|472,59|513,144|342,157
```

上述结果对应的就是 4 个文字的坐标，并按文字的单击顺序排列。但是 Selenium 库的函数不能识别这种格式的坐标，所以还需要进行简单的数据处理。观察这一串坐标，可以发现各组坐标之间以 "|" 号分隔，每组坐标中的 x 坐标和 y 坐标之间又以 "," 号分隔。根据这两个符号对字符串进行拆分，就可提取出各个文字的 x 坐标和 y 坐标，再整理成需要的格式，代码如下：

```
1  all_location = []  # 创建一个空列表，用于汇总处理后的各个文字的坐标
2  list_temp = result.split('|')  # 根据"|"拆分字符串，存储为临时列表
3  print(list_temp)  # 为方便读者理解数据处理的过程，先打印输出拆分结果
4
5  for i in list_temp:  # 遍历临时列表list_temp
6      list_i = []  # 创建一个空列表，用于存储每个文字的坐标
7      x = int(i.split(',')[0])  # 根据","拆分字符串，提取第1个元素（x
       坐标）并转换为整数
8      y = int(i.split(',')[1])  # 根据","拆分字符串，提取第2个元素（y
       坐标）并转换为整数
9      list_i.append(x)  # 添加x坐标
10     list_i.append(y)  # 添加y坐标
11     all_location.append(list_i)  # 汇总各个文字的坐标
12  print(all_location)  # 打印输出处理后的坐标
```

上述代码主要用到了两个函数：第 1 个是 split() 函数，用于根据指定的分隔符拆分字符串；第 2 个是 append() 函数，用于在列表中添加元素。这两个函数在《零基础学 Python 网络爬虫案例实战全流程详解（入门与提高篇）》第 1 章的列表及函数部分都有讲解，这里不再赘述。

第 3 行代码打印输出临时列表 list_temp 的结果如下：

```
1  ['282,54', '472,59', '513,144', '342,157']
```

可以看到每个文字的坐标都已分隔开来，不过我们还希望获取的坐标是类似（282, 54）的格式，所以第 5 ～ 11 行代码通过 for 循环语句遍历临时列表 list_temp，然后用 split() 函数根据","号拆分字符串，得到 x 坐标和 y 坐标，再用 append() 函数添加到列表 list_i 中，最终将各个文字的坐标 list_i 汇总到列表 all_location 中。打印输出列表 all_location 的结果如下，此时的坐标格式符合我们的要求。

```
1  [[282, 54], [472, 59], [513, 144], [342, 157]]
```

处理好坐标后，就可以用 Selenium 库依次模拟单击文字了，代码如下：

```
1  for i in all_location:
2      x = i[0]  # 提取x坐标
```

```
3      y = i[1]   # 提取y坐标
4      action = webdriver.ActionChains(browser)  # 启动动作链
5      action.move_to_element_with_offset(canvas, x, y).click().per-
       form()  # 根据坐标模拟单击文字
6      time.sleep(1)  # 等待1秒
```

第 1～3 行代码通过 for 循环语句遍历和提取每个文字的坐标，以第 1 个文字的坐标为例，i 为 [282, 54]，那么 i[0]（即 x 坐标）为 282，i[1]（即 y 坐标）为 54。

第 4 行代码启动 Selenium 库的动作链，为固定写法。

第 5 行代码用 move_to_element_with_offset() 函数和 click() 函数在图片上的指定坐标位置进行模拟单击，其中需要传入前面获取的变量 canvas，这样才知道在哪个网页元素上单击。

第 6 行代码在每次模拟单击之后等待 1 秒。

运行结果如下图所示，可以看到最终验证成功。

完整代码如下：

```
1   from chaojiying import Chaojiying_Client
2   from selenium import webdriver
3   import time
4
5   def cjy():  # 使用超级鹰识别点选验证码的自定义函数
6       chaojiying = Chaojiying_Client('账号', '密码', '软件ID')
7       im = open('a.png', 'rb').read()  # 打开本地图片文件
8       code = chaojiying.PostPic(im, 9004)['pic_str']  # 使用9004接口
9       return code  # 返回识别结果，即各个点选文字的坐标
```

```
10
11   # 1. 访问网址
12   browser = webdriver.Chrome()
13   url = r'E:\验证码反爬\点选验证码\index.html'  # 根据实际情况修改，或者
     用2.1.3节介绍的技巧自动生成
14   browser.get(url)  # 用模拟浏览器打开网页
15   time.sleep(5)  # 等待一定时间，让验证码加载完毕
16
17   # 2. 截取点选验证码图片
18   canvas = browser.find_element_by_xpath('//*[@id="verify"]')  # 定
     位点选验证码
19   canvas.screenshot('a.png')  # 截取图片
20
21   # 3. 使用超级鹰识别，获得各个文字的坐标
22   result = cjy()
23   print(result)
24
25   # 4. 对获得的坐标进行数据处理
26   all_location = []  # 创建一个空列表，用于汇总处理后的各个文字的坐标
27   list_temp = result.split('|')  # 根据"|"拆分字符串，存储为临时列表
28   print(list_temp)
29
30   for i in list_temp:  # 遍历临时列表
31       list_i = []  # 创建一个空列表，用于存储每个文字的坐标
32       x = int(i.split(',')[0])  # 根据","拆分字符串，提取第1个元素（x
         坐标）并转换为整数
33       y = int(i.split(',')[1])  # 根据","拆分字符串，提取第2个元素（y
         坐标）并转换为整数
34       list_i.append(x)  # 添加x坐标
35       list_i.append(y)  # 添加y坐标
36       all_location.append(list_i)  # 汇总各个文字的坐标
37   print(all_location)
38
```

```
39    # 5. 依次模拟单击文字
40    for i in all_location:
41        x = i[0]  # 提取x坐标
42        y = i[1]  # 提取y坐标
43        action = webdriver.ActionChains(browser)  # 启动动作链
44        action.move_to_element_with_offset(canvas, x, y).click().per-
          form()  # 根据坐标模拟单击文字
45        time.sleep(1)  # 等待1秒
```

2.5.2　bilibili 点选验证码识别初探

bilibili 是国内知名的视频网站，它的登录验证码也是点选验证码（本案例写作于 2020 年 6 月 30 日，bilibili 有可能会更换验证码类型）。

在浏览器中打开网址 https://passport.bilibili.com/ login，在下图所示的登录表单中输入账号和密码，单击"登录"按钮，就会出现如右图所示的点选验证码。根据提示依次单击图片中的文字即可验证成功，如果单击的顺序或位置错误，都会验证失败。

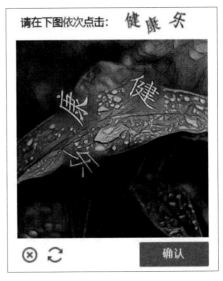

最简单的解决方法是设置一定的等待时间，然后手动登录。这里为了巩固 2.5.1 节讲解的方法，使用超级鹰来识别点选验证码。

先用 Selenium 库打开 bilibili 的登录页面，代码如下：

```
1    from selenium import webdriver
2    import time
3
```

```
4   browser = webdriver.Chrome()
5   url = 'https://passport.bilibili.com/login'
6   browser.get(url)  # 用模拟浏览器打开网页
```

接着模拟输入账号和密码，并模拟单击"登录"按钮，代码如下：

```
1   user = 'bilibili账号'  # 需改为实际使用的账号
2   password = 'bilibili密码'  # 需改为实际使用的密码
3   browser.find_element_by_id('login-username').send_keys(user)  # 模
    拟输入账号
4   browser.find_element_by_id('login-passwd').send_keys(password)  # 模
    拟输入密码
5   browser.find_element_by_xpath('//*[@id="geetest-wrap"]/div/div[5]/
    a[1]').click()  # 模拟单击"登录"按钮
6   time.sleep(2)  # 等待一定时间，让验证码加载完毕
```

然后截取验证码图片，保存为"bilibili.png"，代码如下：

```
1   canvas = browser.find_element_by_xpath('/html/body/div[2]/div[2]')
2   canvas.screenshot('bilibili.png')
```

将图片传给超级鹰进行识别，并接收超级鹰的识别结果。因为 bilibili 点选验证码中的文字为 2～4 个，所以选用 9004 接口，如下图所示。

坐标类返回值 x,y 更多坐标以|分隔,原图左上角0,0 以像率px为单位,x是横轴,y是纵轴		
9101	坐标选一 返回格式:x,y	15
9102	点击两个相同的字,返回:x1,y1|x2,y2	22
9202	点击两个相同的动物或物品,返回:x1,y1|x2,y2	40
9103	坐标多选,返回3个坐标,如:x1,y1|x2,y2|x3,y3	20
9004	坐标多选,返回1~4个坐标,如:x1,y1|x2,y2|x3,y3	25
9104	坐标选四,返回格式:x1,y1|x2,y2|x3,y3|x4,y4	30
9005	坐标多选,返回3~5个坐标,如:x1,y1|x2,y2|x3,y3	30
9008	坐标多选,返回5~8个坐标,如:x1,y1|x2,y2|x3,y3|x4,y4|x5,y5	40

这里没有定义 cjy() 函数，而是直接使用超级鹰接口，代码如下：

```
1   chaojiying = Chaojiying_Client('超级鹰账号', '超级鹰密码', '软件ID')
```

```
2   im = open('bilibili.png', 'rb').read()  # 打开本地图片文件
3   str = chaojiying.PostPic(im, 9004)['pic_str']  # 使用9004接口
```

第 1 行代码中的参数需修改为读者实际使用的超级鹰账号、密码和软件 ID。因为前面将截取的图片保存为相对路径形式的 "bilibili.png"，所以这里第 2 行代码中打开图片时也要使用相同的路径。读者可以根据自己的需求或喜好使用其他形式的文件路径，也可以像前几节那样通过自定义 cjy() 函数来完成识别。

对超级鹰返回的识别结果进行数据整理，代码如下：

```
1   all_location = []  # 创建一个空列表，用于汇总处理后的各个文字的坐标
2   list_temp = result.split('|')  # 根据 "|" 拆分字符串，存储为临时列表
3   print(list_temp)
4
5   for i in list_temp:  # 遍历临时列表
6       list_i = []  # 创建一个空列表，用于存储每个文字的坐标
7       x = int(i.split(',')[0])  # 根据 "," 拆分字符串，提取第1个元素（x
                                     坐标）并转换为整数
8       y = int(i.split(',')[1])  # 根据 "," 拆分字符串，提取第2个元素（y
                                     坐标）并转换为整数
9       list_i.append(x)  # 添加x坐标
10      list_i.append(y)  # 添加y坐标
11      all_location.append(list_i)  # 汇总各个文字的坐标
12  print(all_location)
```

处理好坐标后，用 Selenium 库依次模拟单击文字，代码如下：

```
1   for i in all_location:
2       x = i[0]  # 提取x坐标
3       y = i[1]  # 提取y坐标
4       action = webdriver.ActionChains(browser)  # 启动动作链
5       action.move_to_element_with_offset(canvas, x, y).click().per-
        form()  # 根据坐标模拟单击文字
6       time.sleep(1)  # 等待1秒
```

通过几次尝试，超级鹰的识别准确率还是挺高的，如下图所示。

最后模拟单击"确认"按钮，代码如下：

```
1  browser.find_element_by_xpath('/html/body/div[2]/div[2]/div[6]/
   div/div/div[3]/a/div').click()  # 模拟单击"确认"按钮
```

最终的运行结果如下图所示，可以看到登录成功。

完整代码如下：

```
1  from selenium import webdriver
2  from chaojiying import Chaojiying_Client
```

```
3    import time
4
5    # 1. 访问网址
6    browser = webdriver.Chrome()
7    url = 'https://passport.bilibili.com/login'
8    browser.get(url)   # 打开网页
9
10   # 2. 模拟输入账号和密码，并模拟单击"登录"按钮
11   user = 'bilibili账号'   # 需改为实际使用的账号
12   password = 'bilibili密码'   # 需改为实际使用的密码
13   browser.find_element_by_id('login-username').send_keys(user)   # 模
     拟输入账号
14   browser.find_element_by_id('login-passwd').send_keys(password)   # 模
     拟输入密码
15   browser.find_element_by_xpath('//*[@id="geetest-wrap"]/div/div[5]/
     a[1]').click()   # 模拟单击"登录"按钮
16   time.sleep(2)   # 等待一定时间，让验证码加载完毕
17
18   # 3. 截取点选验证码的图片
19   canvas = browser.find_element_by_xpath('/html/body/div[2]/div[2]')
20   canvas.screenshot('bilibili.png')
21
22   # 4. 使用超级鹰识别点选验证码
23   chaojiying = Chaojiying_Client('超级鹰账号', '超级鹰密码', '软件ID')
24   im = open('bilibili.png', 'rb').read()   # 打开本地图片文件
25   result = chaojiying.PostPic(im, 9004)['pic_str']   # 使用9004接口
26   print(result)
27
28   # 5. 对获取的坐标进行数据处理
29   all_location = []   # 创建一个空列表，用于汇总处理后的各个文字的坐标
30   list_temp = result.split('|')   # 根据"|"拆分字符串，存储为临时列表
31   print(list_temp)
32
```

```
33   for i in list_temp:  # 遍历临时列表
34       list_i = []  # 创建一个空列表，用于存储每个文字的坐标
35       x = int(i.split(',')[0])  # 根据 "," 拆分字符串，提取第1个元素（x
         坐标）并转换为整数
36       y = int(i.split(',')[1])  # 根据 "," 拆分字符串，提取第2个元素（y
         坐标）并转换为整数
37       list_i.append(x)  # 添加x坐标
38       list_i.append(y)  # 添加y坐标
39       all_location.append(list_i)  # 汇总各个文字的坐标
40   print(all_location)
41
42   # 6. 依次模拟单击文字
43   for i in all_location:
44       x = i[0]  # 提取x坐标
45       y = i[1]  # 提取y坐标
46       action = webdriver.ActionChains(browser)  # 启动动作链
47       action.move_to_element_with_offset(canvas, x, y).click().per-
         form()  # 根据坐标模拟单击文字
48       time.sleep(1)  # 等待1秒
49
50   # 7. 模拟单击 "确认" 按钮，完成登录
51   time.sleep(3)
52   browser.find_element_by_xpath('/html/body/div[2]/div[2]/div[6]/
     div/div/div[3]/a/div').click()  # 模拟单击 "确认" 按钮
```

2.5.3　bilibili 点选验证码识别升级：无限尝试版

超级鹰并不是每次都能识别准确，因此，本节将对 2.5.2 节的代码进行升级改造，实现自动判断是否登录成功，如果不成功就自动进行无限次尝试，直到成功为止。本节的思路也适用于对本章其他节的案例进行升级改造，希望读者好好体会。

无限尝试与 24 小时不间断爬虫类似，同样是通过 while True 构造无限循环，其思路具体如下：

❶定义一个识别函数，如 yzm() 函数（其名称来自 "验证码" 的拼音首字母缩写）；

❷进行一次识别和登录，然后判断是否登录成功；

❸若登录失败，则等待 3 秒后，继续调用识别函数对新的验证码进行识别和登录；

❹若登录成功，则用 break 语句退出循环。

其核心代码如下：

```
1   while True:
2       result = yzm()
3       if '密码登录' in result and '短信登录' in result:
4           time.sleep(3)
5       else:
6           break
```

接下来要解决两个关键问题：如何定义 yzm() 函数；如何判断是否登录成功。

先来看第 1 个问题。yzm() 函数的定义其实非常简单，先把 2.5.2 节从开始截取验证码图片直到模拟单击"确认"按钮的代码都打包到 yzm() 函数中，然后添加代码，获取此时的网页源代码并设置为 yzm() 函数的返回值，方便之后使用。具体如下：

```
1   def yzm():  # 定义验证码识别函数
2       # 3. 截取点选验证码的图片
3       # 4. 使用超级鹰识别点选验证码
4       # 5. 对获取的坐标进行数据处理
5       # 6. 依次模拟单击文字
6       # 7. 模拟单击"确认"按钮，完成登录
7       # 8. 等待2秒后，获取此时的网页源代码
8       time.sleep(2)
9       data = browser.page_source
10      return data
```

yzm() 函数返回的网页源代码也是解决第 2 个问题的关键。如果超级鹰识别正确，那么在单击"确认"按钮后就会登录成功，跳转到 bilibili 的首页；如果超级鹰识别错误，那么在单击"确认"按钮后则会留在登录页面，并更换新的验证码。因此，通过判断 yzm() 函数返回的网页源代码是否具备某些特征，我们就能知道是否登录成功。

如下图所示，登录页面中有"密码登录"和"短信登录"这两个字符串，而这两个字符串是 bilibili 的首页所没有的，根据这一特征即可判断是否登录成功。

我们再来看看如下几行代码，配合注释，就能更好地理解了。

```
1   while True:
2       result = yzm()  # 调用定义的yzm()函数，函数的返回值为网页源代码
3       if '密码登录' in result and '短信登录' in result:  # 判断是否为登
        录页面。如果是登录页面，说明登录失败
4           time.sleep(3)  # 等待3秒后继续循环
5       else:  # 如果不是登录页面，说明进入首页，登录成功
6           break  # 跳出循环
```

完整代码如下：

```
1   from selenium import webdriver
2   from chaojiying import Chaojiying_Client
3   import time
4
5   # 1. 访问网址
6   browser = webdriver.Chrome()
7   url = 'https://passport.bilibili.com/login'
8   browser.get(url)  # 用模拟浏览器打开网页
9
10  # 2. 模拟输入账号和密码，并模拟单击"登录"按钮
11  user = 'bilibili账号'  # 需改为实际使用的账号
12  password = 'bilibili密码'  # 需改为实际使用的密码
```

```
13  browser.find_element_by_id('login-username').send_keys(user)  # 模
    拟输入账号
14  browser.find_element_by_id('login-passwd').send_keys(password)  # 模
    拟输入密码
15  browser.find_element_by_xpath('//*[@id="geetest-wrap"]/div/div[5]/
    a[1]').click()  # 模拟单击"登录"按钮
16  time.sleep(2)  # 等待一定时间，让验证码加载完毕
17
18  def yzm():  # 定义验证码识别函数
19      # 3. 截取点选验证码的图片
20      canvas = browser.find_element_by_xpath('/html/body/div[2]/
        div[2]')
21      canvas.screenshot('bilibili.png')
22
23      # 4. 使用超级鹰识别点选验证码
24      chaojiying = Chaojiying_Client('超级鹰账号', '超级鹰密码', '软件
        ID')
25      im = open('bilibili.png', 'rb').read()  # 打开本地图片文件
26      result = chaojiying.PostPic(im, 9004)['pic_str']  # 使用9004接口
27      print(result)
28
29      # 5. 对获取的坐标进行数据处理
30      all_location = []  # 创建一个空列表，用于汇总处理后的各个文字的坐标
31      list_temp = result.split('|')  # 根据"|"拆分字符串，存储为临时
        列表
32      print(list_temp)
33
34      for i in list_temp:  # 遍历临时列表
35          list_i = []  # 创建一个空列表，用于存储每个文字的坐标
36          x = int(i.split(',')[0])  # 根据","拆分字符串，提取第1个元
            素（x坐标）并转换为整数
37          y = int(i.split(',')[1])  # 根据","拆分字符串，提取第2个元
            素（y坐标）并转换为整数
```

```
38        list_i.append(x)  # 添加x坐标
39        list_i.append(y)  # 添加y坐标
40        all_location.append(list_i)  # 汇总各个文字的坐标
41    print(all_location)
42
43    # 6. 依次模拟单击文字
44    for i in all_location:
45        x = i[0]  # 提取x坐标
46        y = i[1]  # 提取y坐标
47        action = webdriver.ActionChains(browser)  # 启动动作链
48        action.move_to_element_with_offset(canvas, x, y).click().
          perform()  # 根据坐标模拟单击文字
49        time.sleep(1)  # 等待1秒
50
51    # 7. 模拟单击"确认"按钮，完成登录
52    time.sleep(3)
53    browser.find_element_by_xpath('/html/body/div[2]/div[2]/div[6]
          /div/div/div[3]/a/div').click()  # 模拟单击"确认"按钮
54
55    # 8. 等待2秒后，获取此时的网页源代码
56    time.sleep(2)
57    data = browser.page_source
58    return data
59
60 # 9. 无限尝试识别验证码并登录，直到登录成功为止
61 while True:
62    result = yzm()  # 调用定义的yzm()函数，函数的返回值为网页源代码
63    if '密码登录' in result and '短信登录' in result:  # 判断是否为登
          录页面。如果是登录页面，说明登录失败
64        time.sleep(3)  # 等待3秒后继续循环
65    else:  # 如果不是登录页面，说明进入首页，登录成功
66        break  # 跳出循环
```

至此，验证码反爬机制的应对就讲解完毕了。对于大部分验证码，通过超级鹰都可以识

别。如果有难以处理的登录验证码（如淘宝的登录验证码），则可用一个讨巧的方法来解决：
用 Selenium 库模拟访问网址后，借助 time.sleep() 等待一段时间，在这段时间内手动登录（如
扫码登录）。

课后习题

1. 到超级鹰官网注册一个账号，并领取赠送的 1000 题分，进行验证码识别的练习。

2. 请思考 2.1 节中为什么把 "chaojiying.py" 放入 Python 安装位置下的 Lib 文件夹后，就
   可以直接在代码中引用。（提示：这个问题涉及 Python 库所在文件夹的知识，读者可自
   行搜索。）

3. 参考 2.5.3 节的思路，思考如何对 2.1 节到 2.4 节中讲解的各类验证码进行无限尝试识别，
   直到成功为止。

4. 对于登录验证码，除了通过代码破解外，有没有其他讨巧的方法可以绕过它？

第3章

Ajax 动态请求破解

通常情况下，如果要更新网页中的内容，需要重新加载整个网页。而 Ajax 动态请求则能在不重新加载整个网页的情况下，与服务器交换数据并更新网页中的部分内容。因此，严格来说，Ajax 动态请求并不是一种反爬手段，而是一种网页展示手段。不过它的确在一定程度上给数据的爬取造成了困难，所以本书也将其视为一种反爬手段。本章将介绍 Ajax 动态请求的基本原理与破解方法，并以开源中国博客频道和新浪微博为例进行实战演练。

3.1 Ajax 简介

Ajax 动态请求在本质上就是把常规的翻页操作做成了动态刷新的效果。最典型的例子就是开源中国博客频道和新浪微博等博客类网站，大家在浏览页面时会发现，用鼠标滚轮向下滚动页面的过程中会自动加载新的内容，但是地址栏中的网址没有发生变化，这就是用 Ajax 动态请求实现的。本节先来讲解 Ajax 动态请求的基础知识。

3.1.1 不同的网页翻页方式的对比

首先来对比 3 种不同的网页翻页方式，这对理解 Ajax 动态请求的基本原理与破解方法有较大的帮助。

1．网址中有翻页参数

先来看百度新闻的翻页方式。如下图所示，对于不同的页面，网址中有用于控制页数的参数 pn（page number 的缩写），其变化规律为（页码－1）×10。

因此，当想爬取多页内容时，在网址中变化翻页参数即可。当然也可以利用 Selenium 库模拟单击"下一页"按钮，不过在网址中可以找到页数规律的情况下，显得不太灵巧。

2．网址中没有翻页参数，网页中有翻页按钮

再来看巨潮资讯网的翻页方式。如下图所示，在翻页过程中网址没有变化，因而无法通过构造网址来翻页，而是需要利用 Selenium 库模拟单击翻页按钮来翻页。

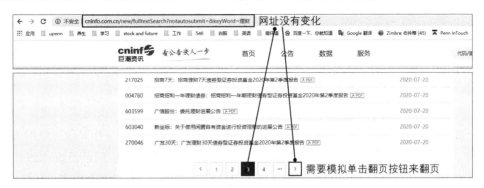

3．既没有翻页参数也没有翻页按钮，通过滚动页面来加载新内容

最后来看开源中国博客频道的翻页方式。如下图所示，在"翻页"（实际操作为向下滚动页面）的过程中，网址没有变化，同时网页上也没有翻页按钮，因而既无法通过构造网址来翻页，又无法通过 Selenium 库模拟单击翻页按钮来翻页。在手动操作的情况下，需要用鼠标滚轮将页面滚动到底部，然后继续滚动才能看到新的内容。这种"翻页"加载新内容的方式就是通过 Ajax 动态请求实现的。

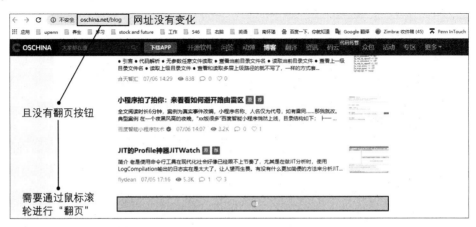

对于这种用 Ajax 动态请求实现的网页，如果只是爬取第 1 页（通常为最新的内容），那

么用 Requests 库或 Selenium 库一般都可以完成。但是，如果想一次爬取"多页"（即爬取需要通过向下滚动页面才能加载的新内容），那么就需要对 Ajax 动态请求进行破解。

常用的破解方法其实和前两种翻页方式也有关联：❶参照翻页方式 1，找到真正的网址中的翻页参数，然后通过 Requests 库进行请求；❷参照翻页方式 2，通过 Selenium 库模拟鼠标滚轮滚动，变相实现翻页。这两种破解方法具体又该如何实现呢？这就涉及 Ajax 动态请求的基本概念和工作原理，3.1.2 节会进行讲解，并从中找到实现这两种破解方法的突破口。

3.1.2　Ajax 的基本概念与工作原理

Ajax 与 Python 不同，它不是一门编程语言，而是一种技术方案。

Ajax 的全称是 Asynchronous JavaScript and XML（异步的 JavaScript 和 XML）。在传统网页中，如果需要更新页面内容，哪怕只是更新其中的一小部分，都必须重新加载整个页面，这样会造成很大的资源浪费。而在前面所举的开源中国博客频道等例子中，通过应用 Ajax 动态请求，无须重新加载整个页面，就能局部动态更新页面内容：当页面已经滚动到底部时，如果继续往下滚动，Ajax 就会向网站服务器发送一个"指令"——已经到底了，请提供一些新内容——此时网站服务器就会传回一些新内容，供 Ajax 显示在网页中。

上面用一种形象的方式描述了 Ajax 的工作过程，下面用更严谨的语言描述 Ajax 的工作过程：

❶触发条件：用户在网页中触发某些条件，如将页面滚动到底部。

❷请求数据：前端代码使用 Ajax 向后端接口发送请求，要求服务器提供一些新数据。

❸获取数据：前端代码获得服务器的响应后，对接收到的数据进行处理并呈现在页面上。

下图则是用技术性更强的语言对上述过程进行了细化，读者无须深究，简单了解即可。

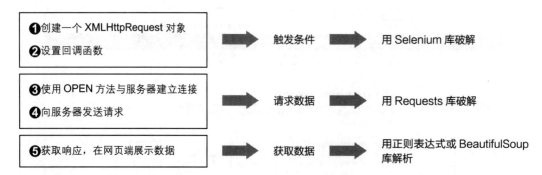

这里重点关注上图右侧的两种破解方法。

方法 1：以请求数据为突破口，用 Requests 库破解。

触发条件后，Ajax 会向服务器发送请求，以获取新的数据。为通过 Requests 库获取新的数据，就需要知道发往服务器接口的真正网址及携带的参数。3.2 节会讲解如何通过分析一个具体的 Ajax 请求来找到网页向服务器请求的真正网址及携带的参数（主要是翻页参数）。

方法 2：以触发条件为突破口，用 Selenium 库破解。

通过 Selenium 库破解 Ajax 的核心是模拟滚动页面的操作，其核心代码如下：

```
1  browser.execute_script('window.scrollTo(0, document.body.scroll-
   Height)')
```

这行代码利用 Selenium 库的 execute_script() 函数模拟执行 JavaScript 代码（JavaScript 可在网页中执行动态操作，读者简单了解即可）。这里执行的 JavaScript 代码是 window.scrollTo(0, document.body.scrollHeight)。其中 window.scrollTo() 函数用于把页面滚动到指定的像素点。该函数的第 1 个参数为 x 轴像素坐标，这里设置为 0；第 2 个参数为 y 轴像素坐标，这里设置为 document.body.scrollHeight，表示目前页面的高度。实现的效果就是把页面滚动到已展示区域的最底端。通过不停地向下滚动，就能加载新内容了。3.3 节会以新浪微博为例具体讲解。

方法 1 不需要打开模拟浏览器，所以爬取速度稍快，但是需要分析真正的请求网址，得多动一些脑筋。而方法 2 不需要做额外的分析，实现起来相对比较简单，只是爬取速度稍慢。两种破解方法各有优缺点，建议读者都要掌握。

3.2　案例实战 1：爬取开源中国博客频道

本节将通过编写代码模拟 Ajax 请求，从开源中国博客频道（https://www.oschina.net/blog）爬取前 10 页最新博客的列表。

3.2.1　分析 Ajax 请求

之前说过 Requests 库破解的核心是找到真正的请求网址及网址中的翻页参数。用开发者工具可以达到此目的。

技巧：开发者工具有 4 种布局模式，分别为浮动的独立窗口、停靠在左侧、停靠在底部、停靠在右侧。❶单击开发者工具右上角的 ⋮ 按钮，❷在弹出的菜单中可以选择布局模式，如右图所示。爬虫分析中常用的是停靠在底部的模式。

在谷歌浏览器中打开目标网址，然后打开开发者工具。❶切换到 "Network" 选项卡，❷单

击"All"按钮，❸如果在选项卡中看不到内容，刷新页面就会出现很多条目，如下图所示，它们就是页面加载过程中浏览器向服务器发送请求并接收响应的所有记录。顺带说一句，图中间横着的像瀑布一样的图表展示的是网页上每个内容元素（如各个部分的图片和文字）访问的时间点和时长，可以看到请求该网页并获得访问数据大概花了 1200 毫秒。

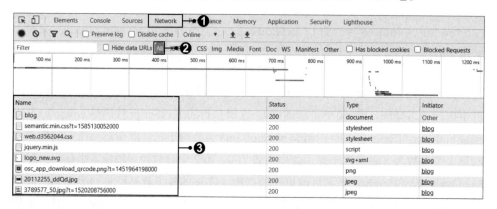

这些条目包含各种 js 文件、css 文件、图片文件等，但我们需要找到的是 Ajax 请求的记录。前面讲过，Ajax 需要创建一个 XMLHttpRequest 对象，因此，❶单击"All"按钮旁边的"XHR"按钮，❷筛选出 XMLHttpRequest 对象，如下图所示。

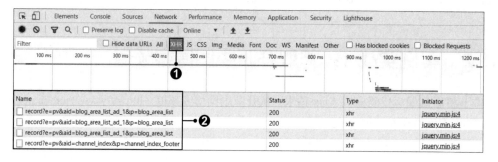

筛选结果有好几条，哪一条才是获取最新博客的 Ajax 请求呢？❶继续向下滚动页面，加载出新的内容，❷可看到原有条目下方出现一个新条目，它就是获取最新博客的 Ajax 请求，如下图所示。

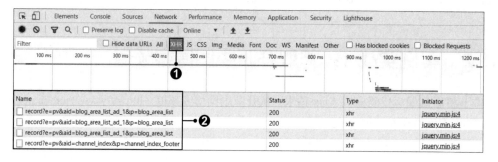

因为本章的主题是 Ajax，所以默认博客列表是通过 Ajax 请求获取的。如果事先并不知道一个请求是什么类型，该如何判断它是不是 Ajax 请求呢？❶单击刚才出现的新条目，❷在右侧切换到"Headers"选项卡，❸找到"Request Headers"（请求头，包含网页向服务器请求数据时携带的信息）栏目，❹如果其中包含"X-Requested-With: XMLHttpRequest"，便说明该请求为 Ajax 请求，如下图所示。

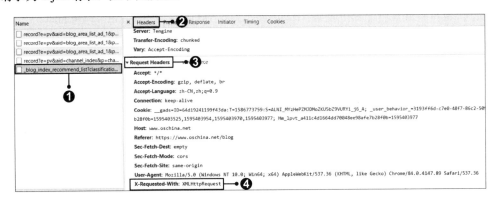

找到了需要的 Ajax 请求，只要分析出它发往服务器接口的网址以及其中携带的翻页参数，即可爬取数据。❶单击需要分析的 Ajax 请求，❷在右侧切换到"Headers"选项卡，❸找到"General"栏目，❹其中的"Request URL"参数的值就是整个请求的网址，如下图所示。可以看到该网址 https://www.oschina.net/blog/widgets/_blog_index_recommend_list?classification=0&p=2&type=ajax 末尾的 type 参数的值也声明了其是 Ajax 请求。

将该网址复制、粘贴到浏览器地址栏中并打开，可以看到如下图所示的内容，这就是网页中的博客内容，虽然排版有些混乱，但是并不影响内容的获取。

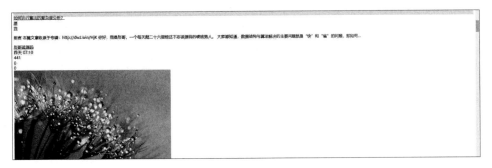

网址请求的参数附在"?"号后，多个参数以"&"号连接，我们可以据此在网址中找出参数。例如，此处网址为 https://www.oschina.net/blog/widgets/_blog_index_recommend_list?classification=0&p=2&type=ajax，根据"?"将网址拆分成两部分：第 1 部分为 https://www.oschina.net/blog/widgets/_blog_index_recommend_list，它是服务器接口的地址；第 2 部分为 classification=0&p=2&type=ajax，再根据"&"进行拆分，便可得到各个请求参数。

此外，也可在开发者工具中查看"Headers"选项卡底部的"Query String Parameters"栏目，其内容就是开发者工具从网址中解析出来的请求参数，如下图所示。

解析出来的参数不止一个，接下来需要确定哪个参数是用于控制页数的。多滚动几次页面，会发现参数 p 是翻页参数。目前滚动了一次，所以这里的 p=2 表示第 2 页，如果 p=3 则表示第 3 页，依此类推。

到这里就已经完成了 Ajax 请求的分析。之后便可以通过构造网址，借助 Requests 库请求不同页面的内容，实现类似翻页的效果。3.2.2 节和 3.2.3 节将分别完成单页博客和多页博客的爬取。

3.2.2　爬取单页博客

本节将爬取单页的博客。首先通过 Requests 库获取网页源代码，代码如下：

```
1  import requests
2  headers = {'User-Agent': 'Mozilla/5.0 (Windows NT 10.0; Win64;
   x64) AppleWebKit/537.36 (KHTML, like Gecko) Chrome/75.0.3770.100
   Safari/537.36'}
3
4  url = 'https://www.oschina.net/blog'
5  res = requests.get(url, headers=headers).text
```

注意第 4 行代码没有将网址设置为 3.2.1 节分析出的 Ajax 请求网址，而是设置为网站首页的网址，这是因为这两个网址获得的内容结构都一样，通过后者也可以很方便地获取到源代码。打印输出获得的网页源代码，发现里面有我们需要爬取的博客标题和网址，所以网页源代码获取无误，下面开始从网页源代码中解析和提取数据。

解析和提取数据的方法主要有正则表达式和 BeautifulSoup 库两种，这里主要讲解正则表达式的解析方法，BeautifulSoup 库的解析方法在本节的"补充知识点"中讲解。在 Python 打印输出的网页源代码中寻找规律，如下图所示。

```
                    <div class="ui very relaxed items list-container blog-list-container">

    <div class="item blog-item" data-id="4423586">        网址                              换行
        <div class="content">
            <a class="header" href='https://my.oschina.net/u/3669799/blog/4423586' target="_blank"☐
            title="深入理解 AuthenticationManagerBuilder【源码篇】"→●标题
```

我们很容易就能发现包含博客标题和网址的网页源代码有如下规律：

<a class="header" href="网址" target="_blank"换行title="标题">

由此编写出用正则表达式解析和提取数据的代码如下，其中用".*?"来代替换行。

```
1   p_title = '<a class="header" href=".*?" target="_blank".*?title=
    "(.*?)">'
2   title = re.findall(p_title, res, re.S)  # 因为有换行，所以要加re.S
3   p_href = '<a class="header" href="(.*?)" target="_blank".*?title=
    ".*?">'
4   href = re.findall(p_href, res, re.S)  # 因为有换行，所以要加re.S
```

注意：如果用开发者工具观察网页源代码，那么可能会发现 target="_blank" 后没有换行，如下图所示。这是因为 Requests 库获取的网页源代码和用开发者工具看到的网页源代码会有细微差别，而正则表达式是从前者中解析和提取数据的，所以应以前者为准来寻找规律。

打印输出提取的数据，代码如下：

```
1  for i in range(len(title)):
2      print(str(i + 1) + '.' + title[i])
3      print(href[i])
```

运行结果如下（部分内容从略）：

```
1  1.深入理解 AuthenticationManagerBuilder 【源码篇】
2  https://my.oschina.net/u/3669799/blog/4423586
3  2.Flutter 实现酷炫的3D效果
4  https://my.oschina.net/u/4082303/blog/4423213
5  3.干货 | CSS中的四种定位有什么区别？
6  https://my.oschina.net/LiJiaJing/blog/4423190
7  4.云上自动化 vs 云上编排
8  https://my.oschina.net/u/4526289/blog/4423143
9  5.Spring事务源码分析专题（二）Mybatis的使用及跟Spring整合原理分析
10 https://my.oschina.net/u/4547531/blog/4422748
11 ............
```

完整代码如下：

```
1  import requests
2  import re
3
4  headers = {'User-Agent': 'Mozilla/5.0 (Windows NT 10.0; Win64;
   x64) AppleWebKit/537.36 (KHTML, like Gecko) Chrome/75.0.3770.100
   Safari/537.36'}
5
6  url = 'https://www.oschina.net/blog'
7  res = requests.get(url, headers=headers).text
8  # print(res)  # 编写正则表达式时，以Python获取的res为准
9
10 p_title = '<a class="header" href=".*?" target="_blank".*?title=
   "(.*?)">'
```

```
11  title = re.findall(p_title, res, re.S)  # 因为有换行，所以要加re.S
12  p_href = '<a class="header" href="(.*?)" target="_blank".*?title=
    ".*?">'
13  href = re.findall(p_href, res, re.S)  # 因为有换行，所以要加re.S
14
15  for i in range(len(title)):
16      print(str(i + 1) + '.' + title[i])
17      print(href[i])
```

补充知识点：用 BeautifulSoup 库解析和提取数据

用 Requests 库获取网页源代码后，用 BeautifulSoup 库解析和提取数据的核心代码如下：

```
1  from bs4 import BeautifulSoup
2  soup = BeautifulSoup(res, 'html.parser')
3  title = soup.select('.blog-item .content .header')
4
5  for i in range(len(title)):
6      print(str(i + 1) + '.' + title[i].get_text().replace('原',
       '').replace('荐', '').replace('转', '').strip())
7      print(title[i]['href'])
```

用开发者工具观察网页源代码中标签的嵌套关系，如下图所示，发现标题和网址都在 "class 属性值为 blog-item 的 <div> 标签→ class 属性值为 content 的 <div> 标签→ class 属性值为 header 的 <a> 标签" 这个嵌套结构中，由此编写出第 3 行代码（最好写得严格一些，否则容易匹配到不需要的内容）。

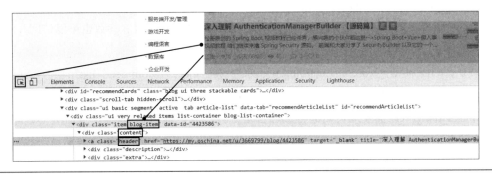

第 6 行代码先用 get_text() 函数获取文本内容，此时的文本内容如下图所示。其中含有多余的"原""荐"等字符（有时还会有字符"转"），因此连续用 replace() 函数把这些字符替换为空字符串。再用 strip() 函数删除字符串首尾的空格和换行。

第 7 行代码用 ['href'] 获取 <a> 标签的 href 属性值，即网址。

3.2.3　爬取多页博客

由 3.2.1 节的分析可知，Ajax 请求中不同页面网址的规律为：

第 1 页：https://www.oschina.net/blog/widgets/_blog_index_recommend_list?classification=0
　　　　&p=1&type=ajax

第 2 页：https://www.oschina.net/blog/widgets/_blog_index_recommend_list?classification=0
　　　　&p=2&type=ajax

第 3 页：https://www.oschina.net/blog/widgets/_blog_index_recommend_list?classification=0
　　　　&p=3&type=ajax

…………

第 n 页：https://www.oschina.net/blog/widgets/_blog_index_recommend_list?classification=0
　　　　&p=n&type=ajax

网址中的有些参数不是必需的。经过试验，发现网址中只保留 p 参数也可以访问，因此，上面的网址可以简写为如下形式：

第 n 页：https://www.oschina.net/blog/widgets/_blog_index_recommend_list?p=n

在浏览器中打开简化后的网址，如 https://www.oschina.net/blog/widgets/_blog_index_recommend_list?p=1，会发现页面的排版和首页一样，但只有 20 条博客，页面滚动到底部后也不会加载出新的内容，如下图所示。这说明可以用简化后的网址来爬取数据，当然，用完整网址也是没有问题的。

知道网址的规律后，下面通过定义一个函数 kaiyuan() 来爬取多页内容，代码如下：

```
1  def kaiyuan(page):
2      url = 'https://www.oschina.net/blog/widgets/_blog_index_recom-
        mend_list?p=' + str(page)
3      # 其他获取和解析网页源代码的代码
```

上述代码的核心就是通过变化 p 参数的值来构造不同页面的网址，注意在拼接字符串时要用 str() 函数把数字转换为字符串。

完整代码如下：

```
1  import requests
2  import re
3
4  headers = {'User-Agent': 'Mozilla/5.0 (Windows NT 10.0; Win64;
   x64) AppleWebKit/537.36 (KHTML, like Gecko) Chrome/75.0.3770.100
   Safari/537.36'}
5
6  def kaiyuan(page):
7      url = 'https://www.oschina.net/blog/widgets/_blog_index_recom-
        mend_list?p=' + str(page)
8      res = requests.get(url, headers=headers).text
9
```

```
10    p_title = '<a class="header" href=".*?" target="_blank".*?title
      ="(.*?)">'
11    title = re.findall(p_title, res, re.S)
12    p_href = '<a class="header" href="(.*?)" target="_blank".*?title
      =".*?">'
13    href = re.findall(p_href, res, re.S)
14
15    for i in range(len(title)):
16        print(str(i + 1) + '.' + title[i])
17        print(href[i])
18
19 for i in range(1, 11):  # 爬取第1~10页
20    kaiyuan(i)
```

运行后会爬取第 1～10 页共 200 条博客的标题和网址，这里就不展示运行结果了，感兴趣的读者可以自己运行代码后查看。

至此，破解 Ajax 请求后用 Requests 库爬取数据的方法便讲解完毕了。然而有的网页会把翻页参数加密，对于这种网页，可以通过 Selenium 库模拟滚动页面，从而破解 Ajax 动态请求。3.3 节就将用这种方法来爬取新浪微博。

3.3 案例实战 2：爬取新浪微博

本节将使用 Selenium 库来破解 Ajax 请求，爬取新浪微博。先回顾一下 3.1.2 节讲过的这种方法的核心代码：

```
1    browser.execute_script('window.scrollTo(0, document.body.scroll-
     Height)')
```

这行代码的意思就是把页面模拟滚动到已展示区域的最底端。此外，有人喜欢用如下代码进行模拟滚动：

```
1    browser.execute_script('document.documentElement.scrollTop=60000')
```

这行代码的含义是将页面滚动至距离顶部 60000 像素的地方（scrollTop 就是与顶部的距离）。因为网页的高度通常是几千像素（在像素尺寸为 1920×1080 的显示器中，初始页面高度也就 1080 像素，滚动一次加载新内容后高度可能达到 2160 像素），所以距离顶部 60000 像素也就是滚动到最底端了。但如果该页面可以一直往下滚动，那么可能滚动 60000 像素也不能到达底部，所以笔者还是推荐使用第一种写法。

感兴趣的读者可以先通过如下代码体验一下自动滚动的效果，运行代码后，页面会自动滚动到最底端。

```
from selenium import webdriver
browser = webdriver.Chrome()
browser.get('https://www.oschina.net/blog')   # 以开源中国为例
browser.execute_script('window.scrollTo(0, document.body.scroll-
Height)')
```

此外，还可在开发者工具中体验上面的滚动效果。如下图所示，打开开发者工具，❶切换至"Console"选项卡（该选项卡常用来调试 JavaScript 操作），❷在下面的代码输入框内输入"window.scrollTo(0, document.body.scrollHeight)"后按【Enter】键运行，❸即可看到页面自动滚动到底部。

技巧：在观看网页视频时，在开发者工具的"Console"选项卡中输入并执行代码"document.querySelector('video').playbackRate = 3.0"，可以调节视频的播放速度，这里设置的是 3 倍速播放。

了解完用 Selenium 库模拟滚动页面的方法后，下面分三步完成本节的爬取任务：❶模拟登录新浪微博；❷分析单个微博页面；❸破解 Ajax 请求爬取多页。

3.3.1　模拟登录新浪微博

　　以如下图所示的环球时报官方微博（https://weibo.com/huanqiushibaoguanwei）作为爬取对象。

　　新浪微博对不同的页面设置了不同的登录要求。新浪微博首页不需要登录就可查看内容。在新浪微博首页搜索关键词时，搜索结果的第 1 页不需要登录也可访问，如 https://s.weibo.com/weibo?q=阿里巴巴，但如果想访问更多内容则需要登录。对于环球时报官方微博这种个人或企业的官方微博页面，则必须登录才可访问具体的微博内容，也就是说，通过如下代码是打不开环球时报官方微博页面的，运行后会默认跳转到新浪微博首页，在首页可以登录。

```
1  url = 'https://weibo.com/huanqiushibaoguanwei'
2  browser.get(url)
```

　　因此，要爬取环球时报官方微博页面中的多页内容，首先要模拟登录新浪微博。我们可以半手动半自动登录，也可以全自动登录（参见第 1 章和第 2 章）。其实对于个人用户而言，自己手动登录也挺方便的。因为本章的重点是破解 Ajax 请求，所以主要讲解如何手动登录，代码如下：

```
1  from selenium import webdriver
2  import time
3
```

```
4    url = 'https://weibo.com/'
5    browser = webdriver.Chrome()
6    browser.get(url)   # 用模拟浏览器访问新浪微博首页
7    browser.maximize_window()   # 将模拟浏览器窗口最大化，以显示登录框
8    time.sleep(30)   # 等待30秒，可以在这段时间内手动登录
```

运行代码，在模拟浏览器中打开新浪微博首页后，可以通过输入账号和密码登录，也可以通过新浪微博 App 扫码登录（推荐使用，因为不用输入验证码），如下图所示。如果觉得30秒不够长，可以设置更长的时间。如果是在 Jupyter Notebook 中运行，则不需要设置等待时间，分区块运行代码即可。

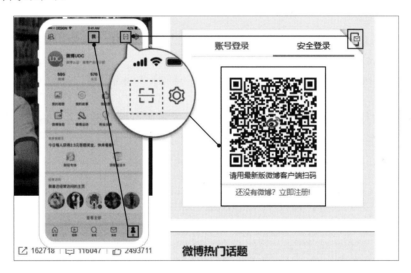

模拟登录成功后，模拟浏览器拥有了访问新浪微博其他页面的 Cookie（详见第 1 章），就可以访问环球时报官方微博页面了，代码如下：

```
1    url = 'https://weibo.com/huanqiushibaoguanwei'
2    browser.get(url)
```

3.3.2　分析单个微博页面

成功访问目标页面后，接着来分析单个微博页面。通过如下代码获取网页源代码：

```
1    data = browser.page_source
```

打印输出获得的网页源代码，在其中寻找单条微博内容的规律，如下图所示。

```
="follow_recommend_box" style="display:none"></div>\n\n        <div class="WB_text W_f14" node-type="feed_list_content" nick-name="环球
时报">\n                        中间夹着的就是微博内容                                                                    【中国为什
么非要去火星？】2020年7月23日中午12时41分，我国在海南文昌卫星发射中心，使用长征五号遥四火箭，将我国首颗火星探测器"天问一号"发射升空，随
后，"天问一号"探测器顺利进入预定轨道，我国首次火星探测发射任务取得圆满成功！ <a suda-uatrack="key=tblog_card&amp;value=click_title:452990
3439714378:1022-article:1022%3A230940452990344088 7814:page_100206_home:1974576991:4529903439714378:1974576991" title="中国为什么非要去火
星？" href="http://t.cn/A6yrK6Ip" alt="http://t.cn/A6yrK6Ip" action-type="feed_list_url" target="_blank" rel="noopener noreferrer"><i class
="W_ficon ficon_cd_longwb">` </i>中国为什么非要去火星？ </a> \u200b\u200b\u200b\u200b                                      </div>\n
```

可以发现包含单条微博内容的网页源代码有如下规律：

<div class="WB_text W_f14" node-type="feed_list_content"
nick-name="环球时报">微博内容</div>

根据上述规律编写出用正则表达式提取微博内容的代码如下：

```
1  import re
2  p_title  = '<div class="WB_text W_f14" node-type="feed_list_con-
   tent" nick-name="环球时报">(.*?)</div>'
3  title = re.findall(p_title, data, re.S)
```

打印输出此时的 title，会发现每一条微博内容的首尾有换行符，并且内容中还夹杂着形如 "<×××>" 的多余内容，如下图所示。

```
['  \n                                                                                                        【中国为什么非
要去火星？】2020年7月23日中午12时41分，我国在海南文昌卫星发射中心，使用长征五号遥四火箭，将我国首颗火星探测器"天问一号"发射升空，随后，
"天问一号"探测器顺利进入预定轨道，我国首次火星探测发射任务取得圆满成功！ <a suda-uatrack="key=tblog_card&amp;value=click_title:4529903439
714378:1022-article:1022%3A230940452990344088 7814:page_100206_home:1974576991:4529903439714378:1974576991" title="中国为什么非要去火星？" 
href="http://t.cn/A6yrK6Ip" alt="http://t.cn/A6yrK6Ip" action-type="feed_list_url" target="_blank" rel="noopener noreferrer"><i class="W_fic
on ficon_cd_longwb">` </i>中国为什么非要去火星？ </a> \u200b\u200b\u200b\u200b                                                    '
'  \n                                                                              【a target="_b
lank" render="ext" suda-uatrack="key=topic_click&amp;value=click_topic" class="a_topic" extra-data="type=topic" href="//s.weibo.com/weibo?q
=%23%E2%80%9C%E8%83%96%E4%BA%94%E2%80%9D%E8%A7%86%E8%A7%92%E7%8B%AC%E5%AE%B6%E8%AE%B0%E5%BD%95%E2%80%9C%E5%A4%A9%E9%97%AE%E4%B8%80%E5%8F%B
7%E2%80%9D%E6%8C%A5%E5%88%AB%E5%9C%B0%E7%90%83%E6%9C%80%E5%90%8E%E7%94%BB%E9%9D%A2%23&amp;from=default>#"胖五"视角独家记录"天问一号"挥
别地球最后画面#</a>今天中午12时41分，中国首颗火星探测器"天问一号"正式开启了前往太空移民首选地——火星的新征程。为了让重达5吨的"天问一
号"摆脱地球引力，步入地火转移轨道，欢送"天问一号"的"胖五"火箭也"跑"出了11.2千米/秒的中国运载火箭最快速 \u200b\u200b\u200b\u200b...<a
target="_blank" href="//weibo.com/1974576991/Jcx075mJ2" class="WB_text_opt" suda-uatrack="key=original_blog_unfold&amp;value=click_unfold:4
529898951279000:1974576991" action-type="fl_unfold" action-data="mid=4529898951279000&amp;is_settop&amp;is_sethot&amp;is_setfanstop&amp;is_
setyoudao">展开全文<i class="W_ficon ficon_arrow_down">c</i></a>
```

因此，接着进行数据清洗。先用 strip() 函数删除字符串首尾的空格和换行，再用 re 库中的 sub() 函数将形如 "<×××>" 的字符串替换为空字符串，代码如下：

```
1  for i in range(len(title)):
2      title[i] = title[i].strip()
3      title[i] = re.sub('<.*?>', '', title[i])
4
5      print(title[i])
```

此时的输出结果如下图所示。

【中国为什么非要去火星？】2020年7月23日中午12时41分，我国在海南文昌卫星发射中心，使用长征五号遥四火箭，将我国首颗火星探测器"天问一号"发射升空。随后，"天问一号"探测器顺利进入预定轨道，我国首次火星探测发射任务取得圆满成功！。中国为什么非要去火星？
【#"胖五"视角独家记录"天问一号"挥别地球最后画面#】今天中午12时41分，中国首颗火星探测器"天问一号"正式开启了前往太空移民首选地——火星的新征程。为了让重达5吨的"天问一号"摆脱地球引力，步入地火转移轨道，欢送"天问一号"的"胖五"火箭也"跑"出了11.2千米/秒的中国运载火箭最快速……展开全文c
【外交部披露美私拆中方外交邮袋细节#：美事后未否认事实，一再以技术理由为其行径开脱】中国外交部发言人汪文斌23日透露，2018年7月和2020年1月，美国两次擅自开拆中方外交邮袋。事件发生后，中方第一时间向美方严正交涉，美方并未否认相关事实，但一再以技术理由为其自身行径开脱，推卸责任。美方此……展开全文c
【中方没有为美驻武汉总领馆重启提供便利？外交部回应】7月23日，外交部例行记者会上，有记者提问：据报道，有媒体评论称，美方要求关闭中国驻休斯敦总领馆，是因为中方没有为美国驻武汉总领馆重启提供便利，能否证实？外交部发言人汪文斌表示，有关说法并不属实。大家都知道，1月23日美方单方面宣布……展开全文c

3.3.3　破解 Ajax 请求爬取多页

通过本节开头讲解的模拟滚动方法进行页面刷新，代码如下（这里模拟滚动 5 次）：

```
1   for i in range(5):
2       browser.execute_script('window.scrollTo(0, document.body.
        scrollHeight)')
3       time.sleep(3)  # 等待一定时间，让页面加载完毕
```

运行代码后，可以看到随着每次滚动，页面都能加载出新的内容。在滚动 3 次左右后，页面便到底了，此时会出现一个翻页工具栏，如下图所示。

第1页 ∨	下一页

我们可以利用开发者工具获取"下一页"按钮的 XPath 表达式，然后进行模拟单击，这里的难点在于不同页面的"下一页"按钮的 XPath 表达式不一样。笔者经过多次尝试后发现有如下规律。

第 1 页的"下一页"按钮的 XPath 表达式通常有如下两种：

//*[@id="Pl_Official_MyProfileFeed__26"]/div/div[47]/div/a

//*[@id="Pl_Official_MyProfileFeed__26"]/div/div[48]/div/a

第 2 页之后的"下一页"按钮的 XPath 表达式通常有如下两种：

//*[@id="Pl_Official_MyProfileFeed__26"]/div/div[47]/div/a[2]

//*[@id="Pl_Official_MyProfileFeed__26"]/div/div[48]/div/a[2]

▎**注意**：网页元素的 XPath 表达式并不是固定不变的。读者如果发现上述规律失效，可以关注本书学习资源中的勘误文档，或者自己用开发者工具获取新的 XPath 表达式。

找到上述规律后，即可通过如下代码模拟单击按钮实现翻页了。代码看起来较长，其实核心思路就是用 try/except 语句进行尝试，一个不行就换另一个，总有一个会成功。此外，之所以先对第 2 页之后的"下一页"按钮的 XPath 表达式使用 try 语句，是因为第 1 页的 XPath 表

达式只能用一次，如果把它写在前面，之后的页面一是用不着，二是可能产生误单击。

```
1   try:
2       browser.find_element_by_xpath('//*[@id="Pl_Official_MyProfile-
        Feed__27"]/div/div[47]/div/a[2]').click()
3   except:
4       try:
5           browser.find_element_by_xpath('//*[@id="Pl_Official_MyPro-
            fileFeed__27"]/div/div[48]/div/a[2]').click()
6       except:
7           try:
8               browser.find_element_by_xpath('//*[@id="Pl_Official_
                MyProfileFeed__27"]/div/div[47]/div/a').click()
9           except:
10              browser.find_element_by_xpath('//*[@id="Pl_Official_
                MyProfileFeed__27"]/div/div[48]/div/a').click()
```

为方便以后调用，把模拟滚动页面和单击按钮翻页的代码写成一个函数，代码如下：

```
1   def fanye():
2       for i in range(5):
3           browser.execute_script('window.scrollTo(0, document.body.
            scrollHeight)')
4           time.sleep(1)
5
6       try:
7           browser.find_element_by_xpath('//*[@id="Pl_Official_MyPro-
            fileFeed__27"]/div/div[47]/div/a[2]').click()
8       except:
9           try:
10              browser.find_element_by_xpath('//*[@id="Pl_Official_
                MyProfileFeed__27"]/div/div[48]/div/a[2]').click()
11          except:
12              try:
```

```
13          browser.find_element_by_xpath('//*[@id="Pl_Official
            _MyProfileFeed__27"]/div/div[47]/div/a').click()
14      except:
15          browser.find_element_by_xpath('//*[@id="Pl_Official
            _MyProfileFeed__27"]/div/div[48]/div/a').click()
```

然后，通过 for 循环语句便可爬取多页内容，并且每一页都自行滚动加载出新的内容，代码如下（这里演示的是加载 3 个大页面，并且自动加载出新的内容）：

```
1   for i in range(3):   # 作为演示，只翻页3次
2       fanye()
```

在翻页的同时获取每一页的网页源代码，并进行汇总，代码如下：

```
1   data_all = ''
2   for i in range(3):
3       fanye()
4       data = browser.page_source
5       data_all = data_all + data
```

获得所有网页源代码后就可以用正则表达式提取需要的内容了，其编写思路见 3.3.2 节。

完整代码如下：

```
1   from selenium import webdriver
2   import time
3   import re
4
5   # 1. 模拟登录新浪微博
6   url = 'https://weibo.com/'
7   browser = webdriver.Chrome()
8   browser.get(url)   # 访问新浪微博首页
9   browser.maximize_window()   # 将模拟浏览器窗口最大化，以显示登录框
10  time.sleep(30)   # 等待30秒，可以在这段时间内手动登录
11
```

```
12    # 2. 访问环球时报官方微博页面
13    url = 'https://weibo.com/huanqiushibaoguanwei?is_all=1'  # 不能直接
      访问，必须登录后访问，这里加上参数is_all=1，表示查看全部微博
14    browser.get(url)
15
16    # 3. 定义模拟翻页的函数
17    def fanye():
18        for i in range(5):
19            browser.execute_script('window.scrollTo(0, document.body.
              scrollHeight)')
20            time.sleep(1)
21
22        try:
23            browser.find_element_by_xpath('//*[@id="Pl_Official_MyPro-
              fileFeed__27"]/div/div[47]/div/a[2]').click()
24        except:
25            try:
26                browser.find_element_by_xpath('//*[@id="Pl_Official_
                  MyProfileFeed__27"]/div/div[48]/div/a[2]').click()
27            except:
28                try:
29                    browser.find_element_by_xpath('//*[@id="Pl_Official
                      _MyProfileFeed__27"]/div/div[47]/div/a').click()
30                except:
31                    browser.find_element_by_xpath('//*[@id="Pl_Official
                      _MyProfileFeed__27"]/div/div[48]/div/a').click()
32
33    # 4. 进行模拟翻页并获取网页源代码
34    data_all = ''
35    for i in range(3):  # 作为演示，只翻页3次
36        fanye()
37        data = browser.page_source
38        data_all = data_all + data
```

```
39
40    # 5. 用正则表达式提取所需内容
41    p_title  = '<div class="WB_text W_f14" node-type="feed_list_content"
      nick-name="环球时报">(.*?)</div>'
42    title = re.findall(p_title, data_all, re.S)   # 这里用的是前面汇总的
      网页源代码data_all
43
44    # 6. 打印输出爬取结果
45    for i in range(len(title)):
46        title[i] = title[i].strip()
47        title[i] = re.sub('<.*?>', '', title[i])
48
49        print(title[i])
```

其中大部分代码在前面都讲过了，主要的不同之处是在第 13 行代码的 url 中添加了参数
is_all=1。这是因为环球时报官方微博页面默认只展示热门微博，而热门微博通常只有 3 页，
要展示全部页面，❶需单击"全部"按钮，❷此时的网址中会新增参数 is_all=1，如下图所示。
感兴趣的读者可以单击"热门"按钮，会发现网址中的参数变为 is_hot=1。

此外，在单击"下一页"按钮后，网址中其实会出现翻页参数，如第 2 页为 page=2，因
此也可以通过构造网址实现翻页，感兴趣的读者可以自行尝试编写代码。

最终获取的结果如下图所示。

【#釜山暴雨后街头成河#】，积水淹过膝盖，已有3人被困车中死亡】据韩联社24日报道，韩国釜山市近日遭遇强风暴雨袭击，市中心变成一片汪洋，已有3人被困在淹没在水里的车中死亡。L环视频的微博视频 @环视频
【美国一海军陆战队队员确诊# 曾被分配至总统直升机部队】7月23日，美国一名海军陆战队队员新冠病毒检测呈阳性。海军陆战队发言人称，可能与这名被感染者有过接触的其他人员已被替换，而这名检测阳性的海军陆战队队员也未直接接触过专门服务于总统的"海军陆战队一号"直升机。L世面的微博视频 ...展开全文c
【夏天没空调? 疫情期间工厂停工 #美国空调缺货将持续到第三季度#】据外媒7月23日报道，疫情期间全美空调缺货，预计将持续到第三季度。工厂停工，造成了大型电器生产延迟。费城一户家庭的空调坏了，居家办公的夫妻说新空调要等到8月第二周。此外，除了空调，冰箱，洗衣机和洗碗机等也都供不应求。 ...展开全文c
【教育得真好! #男孩帮投币又将赠苹果转送公交司机#】近日，河南郑州，一男性乘客上车时因手机没电无法投币买票。公交司机郑师傅刚准备用日常准备的零钱帮其投币，前排一位6岁男孩抢着付了钱。男乘客回赠男孩2个苹果，随后，男孩妈妈让孩子向郑师傅分享1个苹果。见男孩十分坚持，郑师傅拿出自己...展开全文c
【印度新增新冠肺炎病例49310例# 系单日最大增幅】印度卫生部官方网站公布的最新数据显示，截至当地时间7月24日上午，印度新冠肺炎确诊病例升至1287945例。在过去24小时内，印度新增确诊病例49310例，系单日最大增幅；新增死亡病例740例，累计死亡30601例。 （海外网）
【#71岁大爷骑三轮带93岁母亲撤离# 母亲是我的全部】7月21日，安徽马鞍山，汛情告急，含山县紧急通知县内数万村民需紧急连夜撤离。一位71岁的大爷撤离时，没有带其他财物，只骑着三轮车带着自己93岁的母亲。大爷表示，母亲就是他的全部。 L人民视频的微博视频 @人民视频

至此，我们已经掌握了破解 Ajax 请求的两种常用方法。其实在实际应用中，如果不是需要在短时间内爬取大量内容，完全可以只爬取一页（即初始页面），然后设置定时爬取，把每次新爬取的内容存入数据库。读者可以根据自己的需要自行选择方法。

此外，有些网站（如裁判文书网）不希望自己的内容被爬取，不仅对网址做了加密，甚至连 Selenium 库都无法访问，因而爬取难度非常大。感兴趣的读者可研究一些网络底层原理，然后尝试进行爬取。

课后习题

1. 概述 Ajax 请求破解的常见思路。

2. 简述如何用开发者工具查看和分析 Ajax 请求。

3. 简述用 Selenium 库模拟滚动页面的核心代码。

4. 用 Selenium 库模拟滚动页面的方法来爬取开源中国博客频道。（提示：和新浪微博一样，向下滚动几次后不会继续加载新内容，而是出现一个"加载更多"按钮，需要模拟单击该按钮来加载新内容。）

5. 完成 3.3.3 节结尾留下的思考题，通过构造网址来爬取新浪微博的多页内容。（提示：不用改变模拟滚动页面的代码，需要做的是构造一个传入翻页参数的函数。）

第4章

手机 App 内容爬取

本章主要讲解如何通过 Python 操作手机 App，从而爬取 App 中的内容，如爬取微信朋友圈的内容。手机 App 爬虫不像传统网页爬虫那么常用，不过其效果很难用传统网页爬虫的方法来实现。

4.1 相关软件安装

手机 App 爬虫的 Python 代码与之前学习 Requests 库和 Selenium 库时使用的代码区别不大，学习起来并不难，真正的难点是各种软件环境的安装。想要利用 Python 对手机 App 进行操作，需要安装的软件和库如下表所示。

序号	名称	安装难易程度	用途
❶	夜神模拟器	简单	模拟一个 Android 系统手机
❷	Node.js	简单	Appium 需要的插件
❸	JDK	需要注意	运行 Android 需要的 Java 环境
❹	Android Studio	需要注意	Android 开发工具包
❺	Appium	需要注意	程序连接夜神模拟器的纽带
❻	Appium-Python-Client 库	简单	连接 Python 与 Appium

下图对手机 App 爬虫与传统网页爬虫中使用的软件和库进行了对比，有助于读者更直观地认识它们的用途。

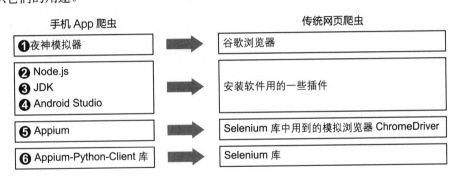

> **注意：** 上述软件中有不少需要在国外网站下载，时常会遇到下载速度慢或下载失败的情况。因此，本书的配套学习资源会提供相关软件的安装包，请有需要的读者按照文前中"本书学习资源"的说明来获取。

4.1.1　安装夜神模拟器

首先来安装夜神模拟器。它类似于网页爬虫中的谷歌浏览器，是用来加载手机 App 内容的重要载体，通过它可以模拟访问各种 App。有需要的读者可用手机微信扫描右侧二维码，在线观看夜神模拟器的安装与设置的教学视频。

1．软件下载与安装

在浏览器中打开夜神模拟器的官网 https://www.yeshen.com，单击"立即下载"链接，即可下载软件安装包。安装过程比较简单，这里不做详细讲解。

2．设置竖屏显示模式

夜神模拟器的界面默认是横屏显示模式，我们可以将其设置为竖屏显示模式，以符合我们使用手机的习惯。具体操作见上面的教学视频。

3．在夜神模拟器中安装手机 App

有了夜神模拟器后，我们需要在其中安装要爬取内容的 App。这里讲解 3 种安装方法。

（1）在夜神模拟器中搜索 App

第 1 种方法是在夜神模拟器自带的搜索框中搜索 App，如右图所示。

这种方法能搜索到大部分常用 App（如微信），不过对于一些不常用的 App 则搜索不到，如"安信证券"App，此时就需要用到后两种方法。

（2）在搜索引擎中搜索 App

以"安信证券"App 为例，在搜索引擎中搜索"安信证券 Android App"（因为夜神模拟器模拟的是 Android 系统，所以需要下载 Android App），然后可以在如下图所示的官网或者一些第三方平台下载对应的 apk 安装包（Android App 安装包的扩展名是".apk"），下载到计算机上之后，将 apk 安装包拖动到夜神模拟器的主界面上，即可自动完成安装。

（3）通过"酷安"搜索 App

"酷安"是一个手机应用商店，在其中能下载和安装大部分手机 App。"酷安"本身也是一个 App，可以用第 2 种方法在搜索引擎中搜索"酷安"的 apk 安装包，下载后安装到夜神模拟器中。在夜神模拟器中启动"酷安"后，就可以在其中搜索和安装所需的其他 App 了。

4.1.2　安装 Node.js

安装完夜神模拟器后，接着安装一些能够让 Appium 成功运行的插件。

首先安装 Node.js 插件，其官方下载地址为 https://nodejs.org/zh-cn/download/，如下图所示。根据操作系统类型下载适用的安装包，这里以 Windows 操作系统为例。

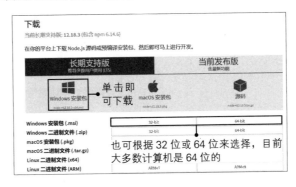

Node.js 的安装步骤也不复杂，如下图所示，大多数情况下单击"Next"按钮即可。

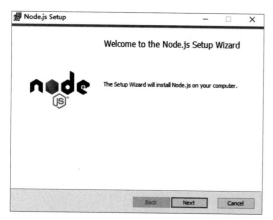 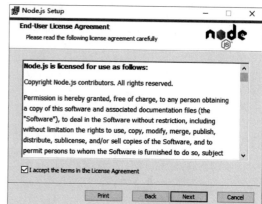

如果要安装在自定义路径下，注意路径中尽量不要有中文字符，如下图所示。

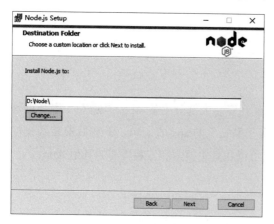 

如右图所示，默认启用"Add to PATH"安装选项，保持该选项不变，这样就会将 Node.js 自动添加到环境变量，而无须手动操作。所谓添加到环境变量，在 4.1.3 节安装 JDK 时会详细讲解，这里可以暂时理解为安装一些软件的固定步骤。

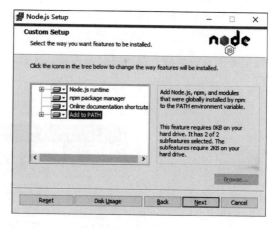

在接下来的步骤中，不需要勾选如下左图所示的复选框，直接单击"Next"按钮。安装完成后，在下右图中单击"Finish"按钮即可结束安装过程。

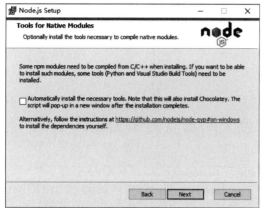 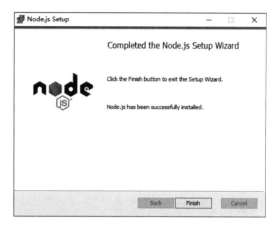

安装完成后，需要验证是否安装成功。如右图所示，打开命令行窗口，输入并执行命令"node -v"或"npm -v"（npm 是和 Node.js 配套安装的一个程序），如果显示版本号，说明安装成功。

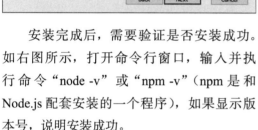 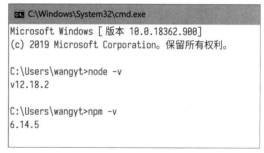

4.1.3 安装 JDK

JDK 是一个 Java 环境软件包，安装它主要是为了方便之后安装 Android Studio 和 Appium 服务（两者都需要 Java 环境）。JDK 的安装过程有不少需要注意的地方，请读者按照书中的说明认真操作。

1．软件下载与安装

在搜索引擎中搜索"jdk 下载"，在其官网 https://www.oracle.com/java/technologies/javase/javase-jdk8-downloads.html 下载适合自己计算机操作系统的安装包。需要注意的是，通常下载的是 jdk-8u-2×× 系列的安装包，如 jdk-8u251-windows-x64.exe。单击下载链接后可能会弹出如下图所示的对话框，需勾选复选框才能单击下载按钮，随后会进入账号注册页面，注册完账号并登录后才会开始下载。

读者如果不想注册账号，可以到本书配套学习资源中下载 jdk-8u251-windows-x64.exe（适用于 64 位 Windows 操作系统）。

下载好安装包后开始安装。启动安装程序后，大部分步骤单击"下一步"按钮即可。其中安装路径通常默认为 C:\Program Files\Java\jdk1.8.0_251（见右图），尽量不要修改。如果不得不修改，一定要记住自己选择的安装路径，在后面配置环境变量时需要用到。

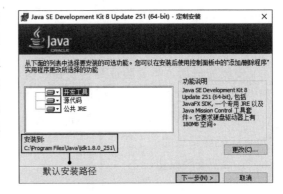

2. 环境变量配置

JDK 安装的难点在于环境变量的配置。配置环境变量可以理解为把相关软件部署到整个系统环境中，以方便在系统内调用。例如，把 Java 配置到环境变量后，那么其他软件就可以直接调用 Java，而无须去特地访问其所在的文件夹。对于环境变量配置也无须深究，它只是在安装某些软件时需要执行的一种常规操作，熟悉流程即可。

下面先演示 Windows 10 中 JDK 的环境变量配置，其他系统的环境变量配置方法读者可以自行搜索。❶在桌面上右击"此电脑"图标，❷在弹出的快捷菜单中执行"属性"命令，❸在打开的窗口左侧单击"高级系统设置"选项，如右图所示。

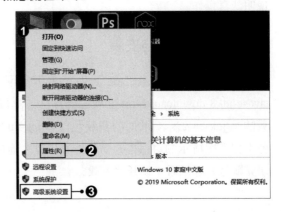

❶在弹出的"系统属性"对话框中单击"环境变量"按钮,如下左图所示。❷在弹出的"环境变量"对话框中双击"系统变量"列表框中的变量 Path,如下右图所示。

❶在弹出的"编辑环境变量"对话框中单击"新建"按钮,❷在下方新增的条目中输入之前设置的 JDK 的安装路径,并在末尾加上"\bin"(如 C:\Program Files\Java\jdk1.8.0_251\bin),❸单击"确定"按钮,如下左图所示。

如果是 Windows 7 系统,❶在"系统变量"列表框中选中变量 Path,❷然后单击"编辑"按钮,❸在变量值末尾追加"C:\Program Files\Java\jdk1.8.0_251\bin",如下右图所示。

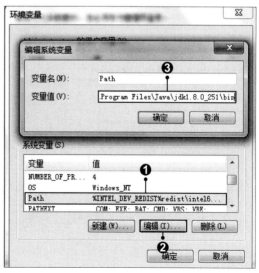

上述文件路径后之所以要加上"\bin"，是因为"java.exe"就在这个 bin 文件夹里，如下图所示。而上述操作就是为了方便在其他程序里调用这个 bin 文件夹里的"java.exe"等程序。

此电脑 > Windows (C:) > Program Files > Java > jdk1.8.0_251 > bin			
名称	修改日期	类型	大小
appletviewer.exe	2020/7/6 23:02	应用程序	17 KB
extcheck.exe	2020/7/6 23:02	应用程序	17 KB
idlj.exe	2020/7/6 23:02	应用程序	17 KB
jabswitch.exe	2020/7/6 23:02	应用程序	35 KB
jar.exe	2020/7/6 23:02	应用程序	17 KB
jarsigner.exe	2020/7/6 23:02	应用程序	17 KB
java.exe	2020/7/6 23:02	应用程序	204 KB
javac.exe	2020/7/6 23:02	应用程序	17 KB

使用相同方法将"C:\Program Files\Java\jdk1.8.0_251\jre\bin"添加到环境变量。同理，如果安装 JDK 时修改了安装路径，则添加时也要做相应修改。最终效果如下左图所示。单击"确定"按钮，返回"环境变量"对话框。

❶单击"系统变量"列表框下方的"新建"按钮，如下右图所示，弹出"新建系统变量"对话框，❷变量名填写"JAVA_HOME"，❸变量值填写之前设置的安装路径，默认安装路径为"C:\Program Files\Java\jdk1.8.0_251"，❹单击"确定"按钮。之后安装 Android Studio 和 Appium 时可能会用到 JAVA_HOME 变量。

上述步骤都完成后，一直单击"确定"
按钮直至退出环境变量配置。然后打开命令
行窗口，输入并执行命令"java"，如果显示
如右图所示的内容，说明环境变量配置成功。
如果显示"'java' 不是内部或外部命令，也不
是可运行的程序"，说明环境变量未配置成功。
这也反映了环境变量配置的作用：在不同路
径下都可以调用"java.exe"。

```
C:\Windows\System32\cmd.exe
Microsoft Windows [ 版本 10.0.18362.900]
(c) 2019 Microsoft Corporation。保留所有权利。

C:\Users\wangyt>java
用法 : java [-options] class [args...]
           （执行类）
   或  java [-options] -jar jarfile [args...]
           （执行 jar 文件）
其中选项包括 :
    -d32         使用 32 位数据模型（如果可用）
    -d64         使用 64 位数据模型（如果可用）
    -server      选择 "server" VM
                 默认 VM 是 server.
```

4.1.4　安装 Android Studio

Android Studio 是安装过程最烦琐的一个软件，分为 3 个步骤：软件安装→插件安装→环
境变量配置。

1．软件安装

在浏览器中打开 https://www.androiddevtools.cn/，单击页面顶部的"Android SDK 工具"
链接，在弹出的菜单中单击"SDK Tools"，然后根据使用的操作系统类型下载对应的安装
包。此外，也可以到本书配套学习资源中下载 installer_r24.4.1-windows.exe（适用于 64 位
Windows 操作系统）。下载完安装包后进行安装。

2．插件安装

双击 Android Studio 安装路径（默认为"C:\Program Files (x86)\Android\android-sdk"）下
的"SDK Manager.exe"以安装相关插件。

❶勾选"Tools"选项包中的 3 个 Android 工具包。

❷勾选"Extras"（附加设备）中的"Android Support Repository"和"Google USB Driver"，
前者是 Android 支持兼容库，后者是 Google 提供的 USB 驱动。

3．环境变量配置

配置环境变量的方法和 4.1.3 节中配置 JDK 环境变量的方法类似。

用手机微信扫描右侧二维码，可以在线观看详细的 Android Studio 安装
与配置教学视频。

4.1.5　安装 Appium

下面来安装 Appium。笔者推荐安装老版 Appium，因为经过笔者测试，老版 Appium 兼容性较高，而且界面相对比新版友好。当然，这里也会讲解新版 Appium 的安装。

用手机微信扫描右侧二维码，可以在线观看老版和新版的 Appium 安装教学视频。

1．老版 Appium 的安装

到本书配套学习资源中下载老版 Appium 的安装包 appium-installer.exe。下载完安装包后进行安装，安装过程没有什么难点，同样记得尽量不要改变默认安装路径（C:\Program Files (x86)\Appium）。如果不得不修改，请记住设置的路径。安装好后也需要配置环境变量。安装和配置的具体步骤在教学视频中有详细讲解。

2．新版 Appium 的安装

因为老版 Appium 主要适用于 Windows 操作系统，所以这里也介绍一下如何安装和配置新版 Appium。

在浏览器中打开 Appium 官网 http://appium.io/，单击页面中间的"Download Appium"按钮，进入下载页面后，下载适合自己的操作系统的安装包。安装和配置的具体步骤在教学视频中有详细讲解。

> **注意**：不要同时安装两个版本的 Appium。如果需要安装另一版本，应把原有版本删除干净，以防止两者产生冲突。

4.1.6　安装 Appium-Python-Client 库

最后来安装 Appium-Python-Client 库，其安装方法要比前面 5 个软件简单很多，在命令行窗口中输入并执行命令"pip install Appium-Python-Client"即可安装。如果因网络连接不畅导致安装失败，可多尝试几次，或者通过镜像服务器安装，具体方法参见《零基础学 Python 网络爬虫案例实战全流程详解（入门与提高篇）》的 1.4.4 节。

手机 App 爬虫中最麻烦的事情就是前面各种软件的安装。安装完需要的软件后，接下来便可以进行手机 App 爬虫实践了。

4.2　手机模拟操作初步尝试

本节先来初步尝试手机模拟操作，为之后爬取微信朋友圈的实战演练作铺垫。

4.2.1　用 Android Studio 连接夜神模拟器

要操控手机 App，得先连接到手机。前面安装的夜神模拟器就是用来模拟 Android 系统手机的，因此，先打开夜神模拟器，然后在如右图所示的搜索栏中搜索微信，并进行安装。

1．打开手机的开发者模式

对于 Android 系统手机，还需要打开其开发者模式，之后才能进行模拟操作。如下图所示，❶单击"系统应用"中的"设置"，❷选择"关于平板电脑"，❸连续单击"版本号"5 次，会使手机进入开发者模式。同时记住显示的版本号（如 5.1.1），4.2.2 节中编写代码时会用到。

2．连接夜神模拟器

在命令行窗口中输入并执行命令"adb connect 127.0.0.1:62001"，如果显示"connected to 127.0.0.1:62001"，便表示连接成功，如右图所示。如果第一次连接失败，可重复输入上述命令进行连接。如果一直连接失败，则注意检查 4.1 节的各软件是否安装正确。

```
C:\Windows\System32\cmd.exe

Microsoft Windows [版本 10.0.18362.900]
(c) 2019 Microsoft Corporation。保留所有权利。

C:\Users\wangyt>adb connect 127.0.0.1:62001
adb server version (36) doesn't match this client (41);
killing...
* daemon started successfully
connected to 127.0.0.1:62001
```

技巧：在命令行窗口中，按【↑】键和【↓】键可快速选择之前输入的内容。

"adb connect 127.0.0.1:62001" 中的 adb 是 Android Studio 中用来调试 Android App 的应用程序，全称为 Android Debug Bridge（Android 系统调试桥）。因为在 4.1.4 节配置好了 Android Studio 的环境变量，所以在这里能直接调用 adb。connect 是 "连接" 的意思。

127.0.0.1:62001 指要连接的夜神模拟器的地址，127.0.0.1 是本机地址，62001 是夜神模拟器的默认端口。如果打开了多个夜神模拟器，那么新打开的夜神模拟器的端口便不再是62001。4.5 节会讲解如何多开夜神模拟器，并查看不同模拟器的端口。

3．验证是否连接成功

在命令行窗口中输入并执行命令 "adb devices"，如果显示 "List of devices attached"（连接的设备列表）及相关地址，则表示连接成功，如右图所示。

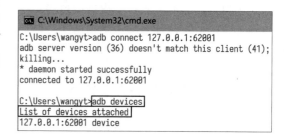

4．用 adb 查看 App 信息

adb 的操作有很多，不过在手机 App 爬虫中，我们只需要了解如何用它查看手机 App 信息（主要是包名和活动名）。在夜神模拟器中打开微信，单击 "登录" 按钮进入登录页面，建议先手动登录一遍，体验一下在计算机上模拟 App 操作的效果，之后再次登录，进入微信就会看到如右图所示的页面。

然后在之前的命令行窗口中输入并执行命令 "adb shell"，会显示命令提示符 "root@shamu:/ #"，在命令提示符后输入命令 "dumpsys activity | grep mFocusedActivity"，按【Enter】键，结果如下图所示。

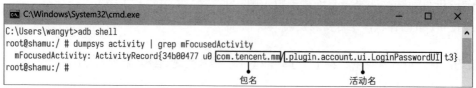

　　在命令的执行结果中，"u0"后的"com.tencent.mm"是微信 App 的包名（对应之后要讲的 Appium 中的 appPackage）；"/"号后的".plugin.account.ui.LoginPasswordUI"则是对应的活动名（对应之后要讲的 Appium 中的 appActivity，注意不要遗漏开头的"."号），即登录页面，一个 App 中不同页面（如登录页、找回密码页等）的活动名也会不同。

4.2.2　用 Python 连接微信 App

　　获得了包名和活动名之后，注意不要关闭命令行窗口，因为需要通过 adb 保持 Android Studio 和夜神模拟器的连接。然后开始进行用 Python 连接手机 App 的操作。

　　打开 Appium，然后单击界面右上角的 ▶ 按钮启动服务，可以看到该 Appium 的地址为 127.0.0.1（本机地址），对应端口为 4723，如下图所示。后续会用到这两个参数。

　　然后就可以通过如下 Python 代码连接夜神模拟器了，连接成功的同时，会在夜神模拟器中自动安装一个名为 Appium-Settings 的 App。

```
1   from appium import webdriver  # 从Appium库导入webdriver功能
2
3   desired_caps = {
4       'newCommandTimeout': 3600,  # 设置3600秒无操作则退出Appium
5       'platformName': 'Android',  # Android平台
6       'deviceName': '127.0.0.1:62001',  # 模拟器设备名，默认端口62001
7       'platformVersion': '5.1.1',  # 平台版本号，4.2.1节已获取
8       'udid': '127.0.0.1:62001',  # 设备id，和设备名相同
9       'appPackage': 'com.tencent.mm',  # 包名，4.2.1节已获取
10      'appActivity':'.plugin.account.ui.LoginPasswordUI'  # 活动名，
        4.2.1节已获取
11  }
12
```

```
13   browser = webdriver.Remote('http://127.0.0.1:4723/wd/hub', de-
     sired_caps)  # 连接手机，并打开微信App
```

可以看到，Appium 库的代码与 Selenium 库的代码在很多地方非常相似，这里简单讲解一下。
第 1 行代码导入 webdriver 功能，与 from selenium import webdriver 非常相似。

第 3～11 行代码是 Appium 库独有的，这里通过字典 desired_caps 来设置模拟器的参数和
App 参数，字典中各个键的含义如下：

❶ newCommandTimeout 为 Appium 自动退出的时间，默认为 600 秒（10 分钟）无操作就
退出程序，这里设置成 3600 秒（1 小时）。如果退出了，则需要先单击■按钮停止 Appium，
再单击▶按钮重新启动 Appium。

❷ platformName 为平台名称，这里固定设置为 Android。

❸ deviceName 为模拟器设备名，默认端口为 62001，如果多开模拟器，则需要修改（4.5
节会讲解）。

❹ platformVersion 为模拟器平台版本号，在 4.2.1 节已获取。

❺ udid 为模拟器设备 id，和模拟器设备名相同。其实在连接一个模拟器时可以不加这一行，
但如果多开模拟器，则必须加上这一行。

❻ appPackage 为 App 包名，在 4.2.1 节已获取。

❼ appActivity 为活动名，在 4.2.1 节已获取。

第 13 行代码用 Remote() 函数连接 Appium，其中的 127.0.0.1:4723 为此时打开的 Appium
的地址和端口，之后的 wd 可以理解为 webdriver 的缩写，hub 则是指主（中心）节点，了解即可。
同时，在 Remote() 函数中传入前面创建的字典 desired_caps。

运行代码后，模拟器中会自动打开微信登录页面，此时 Python 便已和微信 App 连接成功。
有时可能会出现微信 App 打开之后闪退的情况，这个并不会中断 Python 与微信 App 的连接，
可以手动打开微信 App 进入登录页面。

接着通过如下代码获取登录页面的源代码：

```
1   data = browser.page_source
2   print(data)
```

运行上述代码时需要保持打开登录页面。如果遇到闪退，可以用 time 库的 sleep() 函数等
待一定时间，手动打开登录页面，或者在 Jupyter Notebook 中分区块运行代码。

打印输出结果的部分内容如下图所示，可以看到其中有 "用短信验证码登录" 和 "登录"
等字样，说明成功地获取了微信 App 登录页面的源代码。

```
et.LinearLayout index="2" text="" class="android.widget.LinearLayout" package="com.tencent.mm" content-desc="" checkable="false" checked="fa
lse" clickable="false" enabled="true" focusable="true" focused="false" scrollable="false" long-clickable="false" password="false" selected
="false" bounds="[36,575][864,701]" resource-id="com.tencent.mm:id/d63" instance="6"><android.widget.TextView index="0" text="密码" class="a
ndroid.widget.TextView" package="com.tencent.mm" content-desc="" checkable="false" checked="false" clickable="false" enabled="true" focusabl
e="false" focused="false" scrollable="false" long-clickable="false" password="false" selected="false" bounds="[54,584][234,692]" resource-id
="com.tencent.mm:id/gam" instance="1"/><android.widget.EditText NAF="true" index="1" text="" class="android.widget.EditText" package="com.te
ncent.mm" content-desc="" checkable="false" checked="false" clickable="true" enabled="true" focusable="true" focused="true" scrollable="fals
e" long-clickable="true" password="true" selected="false" bounds="[248,602][828,674]" resource-id="com.tencent.mm:id/bhn" instance="0"/></an
droid.widget.LinearLayout><android.widget.Button index="3" text="用短信验证码登录" class="android.widget.Button" package="com.tencent.mm" co
ntent-desc="" checkable="false" checked="false" clickable="true" enabled="true" focusable="true" focused="false" scrollable="false" long-cli
ckable="false" password="false" selected="false" bounds="[54,728][310,771]" resource-id="com.tencent.mm:id/d5v" instance="0"/><android.widge
t.Button index="4" text="登录" class="android.widget.Button" package="com.tencent.mm" content-desc="" checkable="false" checked="false" clic
```

如果运行上述代码后出现报错"由于目标计算机积极拒绝，无法连接"，如下图所示，则通常是因为 adb 或 Appium 连接失败，可以重新启动 adb 和 Appium 后再次尝试，并注意通过夜神模拟器右侧的"关闭应用"按钮将原来打开的 App 关闭。

```
MaxRetryError: HTTPConnectionPool(host='127.0.0.1', port=4723): Max retries exceeded with url: /wd/hub/session (Caused by NewConnectionErr
or('<urllib3.connection.HTTPConnection object at 0x000001B9EF34FB50>: Failed to establish a new connection: [WinError 10061] 由于目标计算机
积极拒绝，无法连接。'))
```

4.3　Appium 基本操作与进阶操作

4.2 节成功地用 Python 连接了微信 App，本节将讲解 Appium 的基本操作和进阶操作。

首先完成 4.2 节的相关操作，打开微信 App 的登录页面，然后进行手动登录（建议通过短信验证码登录），再进入某个好友的朋友圈页面（登录后单击底部的"通讯录"→选择好友→选择"朋友圈"）。这里以右图所示的笔者母亲的朋友圈为例进行讲解。

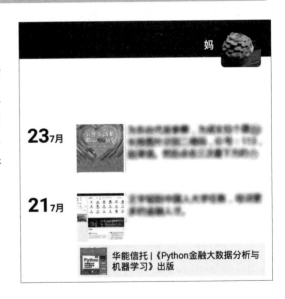

4.3.1　Appium 基本操作

先从 Appium 的一些基本操作开始学起。

1．获取屏幕尺寸

通过如下代码可以获取屏幕尺寸：

```
1    browser.get_window_size()   # 获取设备的屏幕尺寸
```

用 print() 函数将其打印输出，结果如下：

```
1    {'width': 900, 'height': 1600}
```

可以看到，屏幕宽度为 900 像素，高度为 1600 像素，与 4.1 节设置的尺寸一致。

2．屏幕截图

通过如下代码可以对屏幕内容进行截图：

```
1    browser.save_screenshot('图片名.png')
```

这行代码用 save_screenshot() 函数将当前屏幕中显示的内容进行截图保存，括号内的参数为文件保存路径，这里使用相对路径，并将文件命名为"图片名.png"。4.3 节开头展示的朋友圈截图就是用该函数生成的。

3．获取屏幕中显示内容的源代码

通过如下代码可以获取屏幕中显示内容的源代码：

```
1    browser.page_source
```

可以仿照 4.2.2 节将其赋给变量 data，然后打印输出，结果如下图所示。可以看到，其中含有之前朋友圈展示的内容"华能信托 |《Python 金融大数据分析与机器学习》出版"。

lse" scrollable="false" long-clickable="false" password="false" selected="false" bounds="[210, 1262][305, 1357]" resource-id="com.tencent.mm:
id/cp2" instance="7"/></android.widget.FrameLayout><android.widget.LinearLayout index="1" text="" class="android.widget.LinearLayout" packa
ge="com.tencent.mm" content-desc="" checkable="false" checked="false" clickable="false" enabled="true" focusable="false" focused="false" sc
rollable="false" long-clickable="false" password="false" selected="false" bounds="[323, 1262][857, 1357]" resource-id="" instance="28"><andro
id.widget.TextView index="0" text="华能信托 |《Python金融大数据分析与机器学习》出版" class="android.widget.TextView" package="com.tencent.m
m" content-desc="" checkable="false" checked="false" clickable="false" enabled="true" focusable="false" focused="false" scrollable="false"
long-clickable="false" password="false" selected="false" bounds="[323, 1269][857, 1350] resource-id="com.tencent.mm:id/gbx" instance="5"/></
android.widget.LinearLayout></android.widget.LinearLayout></android.widget.LinearLayout></android.widget.LinearLayout></android.widget.Line
arLayout></android.widget.LinearLayout><android.widget.LinearLayout index="4" text="" class="android.widget.LinearLayout" package="com.tenc

需要注意的是，和用 Selenium 库实现的网页爬虫不同，这里获取的只是屏幕展示内容的源代码，不包括未展示在屏幕中的内容，需通过下面讲解的"模拟屏幕滑动"来加载新内容。

4．模拟滑动屏幕

通过如下代码可以在屏幕上进行模拟滑动：

```
1   browser.swipe(start_x, start_y, end_x, end_y)
```

这行代码用 swipe() 函数模拟屏幕滑动，其中的 4 个参数分别为起始点 x 坐标、起始点 y 坐标、结束点 x 坐标、结束点 y 坐标。相当于按住起始点，移动到结束点后松开。例如，通过如下代码可以在朋友圈页面进行向下滑动：

```
1   browser.swipe(50, 1000, 50, 200)   # 向下滑动
```

代码虽然很简洁，但有几点需要说明如下：

❶在夜神模拟器中，屏幕坐标系的原点为界面左上角，往右为 x 轴，往下为 y 轴，如右图所示。

❷这里是要进行上下滑动，所以起始点和结束点的 x 坐标不重要，不超过页面宽度（900 像素）即可，这里均设置为 50。

❸要把 y 坐标较大的点作为起始点。大家可以回忆一下，要使手机 App 的页面向下滑动，需从下（较大的 y 坐标）往上（较小的 y 坐标）移动手指。

❹y 坐标的数值不超过页面高度（1600 像素）即可，重要的是两点 y 坐标的差值。例如，这里的差值为 1000 − 200 = 800 像素，也就是把页面向下滑动 800 像素。之所以为 800 像素，是因为笔者多次测试后发现，800 像素能较好地滑动到朋友圈的下页内容而不至于滑动太多。读者也可以自行修改起始点的 y 坐标来调整这个差值。

同理，如果想向上滑动，则将上面两点的 y 坐标交换一下，代码如下：

```
1   browser.swipe(50, 200, 50, 1000)   # 向上滑动
```

通过模拟滑动便可以获取到新的朋友圈信息了。此时可以构造一个变量 data_all，然后通过 data_all = data_all + data 的方式拼接每一页的朋友圈信息，在 4.4.1 节会详细讲解。

5．模拟点击屏幕

通过如下代码可以根据屏幕像素点的坐标模拟点击屏幕（注意不要遗漏括号和中括号）：

```
1  browser.tap([(x坐标，y坐标)])
```

根据像素点的坐标进行点击是一种相对比较简单的模拟点击方法，尤其在难以定位屏幕内容的情况下有奇效。

根据前面的讲解，此时屏幕的尺寸为 900 像素 ×1600 像素，所以先试着点击屏幕中点，代码如下：

```
1  browser.tap([(450, 800)])
```

运行后发现运气比较好，点击到某条朋友圈内容，进入详情页面，如右图所示。

那么此时便产生了一个新问题：如何准确地找到想要点击的点的坐标值呢？4.3.2 节会进行解答。

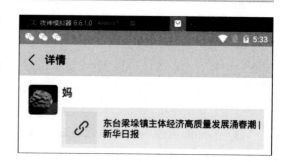

4.3.2　Appium 进阶操作

学习完 Appium 的基本操作，接着学习辅助工具 UI Automator Viewer 及屏幕定位的进阶操作。

1．重要的辅助工具 UI Automator Viewer

UI Automator Viewer 可拆解为 UI（界面）、automator（自动模拟器）、viewer（观察器）。这个工具不仅可以帮助我们进行基本的屏幕定位，还可以帮助我们轻松获取屏幕中元素的属性值，以方便进行进阶的屏幕定位。

需要注意的是，UI Automator Viewer 有时和 Appium 不太兼容，两者不能同时运行，否则 UI Automator Viewer 会获取不到想要的内容。因此，在启动 UI Automator Viewer 前，先确认已使用 adb 连接到夜神模拟器（见 4.2.1 节），不可关闭相应的命令行窗口，然后单击 Appium 右上角的■按钮停止 Appium，再在下图所示的位置双击"uiautomatorviewer.bat"，打开 UI Automator Viewer。

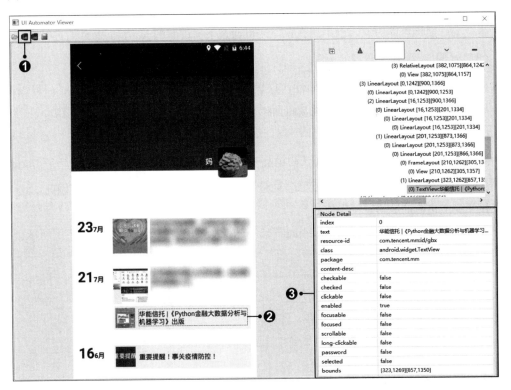

打开 UI Automator Viewer 后，❶在工具栏中单击"Device Screenshot"（设备快照）按钮，提取模拟器中当前 App 的页面，有点类似 4.3.1 节中讲解的屏幕截图函数 save_screenshot()，不过和单纯的屏幕截图不同，❷在提取的页面中单击某个元素，❸还可查看该元素的相关属性，如下图所示。

这里需要注意的是，单击页面元素时应该把鼠标指针放在朋友圈的文字内容而非其外框上，否则可能看不到后续要讲的 name 值。

以上图的第 3 条朋友圈内容为例，下面来讲解其中比较重要的 4 个属性。

（1）位置

上图右下角的 bounds 就代表元素的位置。图中的值为“[323,1269][857,1350]”，表示选中的矩形区域的左上角坐标为（323, 1269），右下角坐标为（857, 1350）。根据这两个点的坐标，很容易就可以实现模拟点击这条朋友圈内容。只需要构造一个落在由这两点确定的矩形区域内的坐标，如（500, 1300），然后用 tap() 函数进行模拟点击，代码如下：

```
browser.tap([(500, 1300)])
```

> **注意：** 在运行代码之前，需要将之前关闭的 Appium 重新开启，并重新连接 App。

（2）name 值

name 值对应上图中的 text 属性，这里的内容为“华能信托 | 《Python 金融大数据分析与机器学习》出版”，可以理解为该矩形框的名称。这个值可用于完成进阶的屏幕定位操作。有些元素的 text 属性可能为空，也不用在意，还可通过下面讲解的 id 值和 class 值进行定位。

（3）id 值

id 值对应上图中的 resource-id 属性，这里的内容为“com.tencent.mm:id/gbx”，可以理解为一种身份信息。这个值也可用于完成进阶的屏幕定位操作，后面会演示它的用法。

（4）class 值

class 值对应上图中的 class 属性，这里的内容为“android.widget.TextView”，可以理解为类别信息，同种类型的朋友圈内容（如公众号文章）的 class 值通常是一致的。因此，这个值也可用于完成进阶的屏幕定位操作。

此外，上述信息也可通过 browser.page_source 获取页面源代码后查看，如下图所示。

```
browser.page_source
executed in 91ms, finished 20:36:19 2020-08-11
rollable="false" long-clickable="false" password="false" selected="false" bounds="[323,1262][857,1357]" resource-id="" instance="28"><andro
id.widget.TextView index="0" text="华能信托 | 《Python金融大数据分析与机器学习》出版" class="android.widget.TextView" package="com.tencent.m
m" content-desc="" checkable="false" checked="false" clickable="false" enabled="true" focusable="false" focused="false" scrollable="false"
long-clickable="false" password="false" selected="false" bounds="[323,1269][857,1350]" resource-id="com.tencent.mm:id/gbx" instance="5"/></
android.widget.LinearLayout></android.widget.LinearLayout></android.widget.LinearLayout></android.widget.LinearLayout></android.widget.Line
arLayout></android.widget.LinearLayout><android.widget.LinearLayout index="4" text="" class="android.widget.LinearLayout" package="com.tenc
ent.mm" content-desc="" checkable="false" checked="false" clickable="true" enabled="true" focusable="false" focused="false" scrollable="fal
se" long-clickable="false" password="false" selected="false" bounds="[0,1366][900,1551]" resource-id="com.tencent.mm:id/b3b" instance="29">
<android.view.View index="0" text="" class="android.view.View" package="com.tencent.mm" content-desc="" checkable="false" checked="false" c
```

2. 屏幕定位进阶操作

借助用 UI Automator Viewer 获取的页面元素信息，便可以通过 Appium 完成一些进阶的屏幕定位操作。笔者经过多次实践后发现，通常可以用 name 值或 id 值定位到所需元素，再用 click() 函数进行模拟点击，或者用 send_keys() 函数进行模拟输入。如果 name 值和 id 值都无法达到目的，则会借助位置属性，用 tap() 函数进行模拟点击。而 class 值通常很少使用。

（1）定位单个元素

定位单个元素的核心代码如下（与 Selenium 库定位网页元素的写法很像）：

```
1   # 通过id值定位元素
2   browser.find_element_by_id()
3   # 通过name值定位元素
4   browser.find_element_by_name()
```

用 name 值和 id 值定位各有优缺点。用 name 值能更精准地定位，因为有时不同的元素会有相同的 id 值，而通常 name 值不会重复。但是，有的元素可能没有 name 值，而大部分元素都会有 id 值。

下面以右图所示的这条朋友圈内容来演示如何精准定位页面元素。

通过 name 值进行定位并模拟点击的代码如下：

```
1   browser.find_element_by_name('华能信托 |《Python金融大数据分析与机器
    学习》出版').click()
```

前面已经用 UI Automator Viewer 获得了该元素的 name 值，这里便可以用 find_element_by_name() 函数来定位元素，然后用 click() 函数进行模拟点击。运行上述代码，效果如右图所示。

在模拟器中手动点击返回朋友圈内容列表页面，然后通过 id 值进行定位并模拟点击，代码如下：

```
1   browser.find_element_by_id('com.tencent.mm:id/gbx').click()
```

这里使用的函数是 find_element_by_id()，id 值也是之前用 UI Automator Viewer 获得的（其

实是这种纯公众号文章类型的朋友圈内容的 id 值），然后同样用 click() 函数进行模拟点击，就可以进入该内容的详情页面。

定位到元素后，除了用 click() 函数进行模拟点击，还可用 text 属性提取元素里的文本内容，代码如下：

```
1  # 通过name值定位元素，然后用text属性提取文本
2  browser.find_element_by_name('华能信托 | 《Python金融大数据分析与机器
   学习》出版').text
3  # 通过id值定位元素，然后用text属性提取文本
4  browser.find_element_by_id('com.tencent.mm:id/gbx').text
```

用上面两种方法都可以获得该元素的文本，结果如下：

```
1  '华能信托 | 《Python金融大数据分析与机器学习》出版'
```

如果页面元素是可以输入文本的，则可以用 send_keys() 函数模拟输入文本，代码如下：

```
1  # 通过name值定位元素并模拟输入内容
2  browser.find_element_by_name().send_keys('要输入的文本')
3  # 通过id值定位元素并模拟输入内容
4  browser.find_element_by_id().send_keys('要输入的文本')
```

如果要用 class 值来定位元素，可以使用 find_element_by_class_name() 函数，但是通常比较少用。这是因为 class 值表示类别，属于同一类别的元素往往非常多，相对来说，name 值和 id 值就比较独特（独特性：name 值＞id 值＞class 值），从而能更精准地定位。我们可以在获得的页面源代码中进行验证：按快捷键【Ctrl＋F】打开快速搜索框，然后搜索之前用 UI Automator Viewer 获得的 class 值 "android.widget.TextView"，可以搜索到数百条内容，如下图所示，因此，class 值在本案例中是肯定不适合用于定位元素的。

（2）定位多个元素

定位多个元素使用的函数，其实是将定位单个元素的函数中的"element"变为复数形式的"elements"，此外，返回的不是单个元素，而是符合条件的元素列表。代码如下：

```
1   # 通过name值定位多个元素
2   browser.find_elements_by_name()
3   # 通过id值定位多个元素
4   browser.find_elements_by_id()
```

以 find_elements_by_id() 函数为例，通过如下代码可定位此时页面上所有 id 值为"com.tencent.mm:id/gbx"的元素，然后用 type() 函数查看返回值的类型：

```
1   browser.find_elements_by_id('com.tencent.mm:id/gbx')
2   type(browser.find_elements_by_id('com.tencent.mm:id/gbx'))
```

将上述代码的运行结果打印输出，结果如下：

```
1   [<appium.webdriver.webelement.WebElement (session="534b9be0-85e4-
      40e9-8e2a-e1077ee92a84", element="1")>,
2    <appium.webdriver.webelement.WebElement (session="534b9be0-85e4-
      40e9-8e2a-e1077ee92a84", element="2")>]
3   list
```

可以看到 find_elements_by_id() 函数定位了两个元素，并以列表（list）的形式返回。

这里定位的两个元素其实就是右图所示的两条纯公众号文章类型的朋友圈内容。

我们可以通过如下代码进行验证：

```
1   a = browser.find_elements_by_id('com.tencent.mm:id/gbx')
```

```
2    for i in a:
3        print(i.text)
```

　　第 1 行代码用 find_elements_by_id() 函数定位元素，将返回的列表赋给变量 a。第 2 行代码用 for 循环语句遍历该列表，此时的 i 就是列表中的单个元素。第 3 行代码用 text 属性提取元素的文本内容。运行结果如下，的确是上图中两条纯公众号文章类型的朋友圈内容。

```
1    华能信托 ｜《Python金融大数据分析与机器学习》出版
2    重要提醒！事关疫情防控！
```

　　至此，Appium 的基本操作和进阶操作便讲解完毕，其与 Selenium 库网页爬虫的相关操作还是比较类似的。笔者建议优先考虑使用 name 值或 id 值进行定位（class 值经常无法达到目的）。如果两者都无法定位，再通过 bounds 属性获取页面元素的坐标，构造坐标后用 tap() 函数进行模拟点击。熟悉了上面的操作，再配合 UI Automator Viewer 获取页面元素的属性，便能完成大部分手机 App 操作，包括手机 App 爬虫和流程自动化工作。

▶ 4.4　案例实战：爬取微信朋友圈内容

　　本节将利用前面学习的知识，爬取微信朋友圈的内容。在开始编程之前，需根据 4.2 节的讲解确定 adb 和 Appium 连接正常。

　　先通过如下代码连接到微信 App：

```
1    from appium import webdriver
2
3    desired_caps = {
4        'newCommandTimeout': 3600,
5        'platformName': 'Android',
6        'deviceName': '127.0.0.1:62001',
7        'platformVersion': '5.1.1',
8        'udid': '127.0.0.1:62001',
9        'appPackage': 'com.tencent.mm',
10       'appActivity':'.plugin.account.ui.LoginPasswordUI'
11   }
```

```
12
13  browser = webdriver.Remote('http://127.0.0.1:4723/wd/hub', de-
    sired_caps)
```

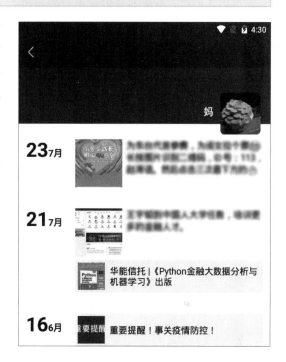

如果连接成功，则夜神模拟器中会自动打开微信 App 并进入登录页面。如果微信 App 打开后闪退也没关系，因为只要能打开就表示连接成功，此时只需手动将微信 App 打开。

因为本节的目标是爬取微信朋友圈内容，所以前面的登录过程可以手动完成。登录成功后，点击"通讯录"，选择一个好友，进入其朋友圈页面。这里还是以笔者母亲的朋友圈为例，如右图所示。

4.4.1　获取微信朋友圈页面源代码

先用 4.3.1 节讲解的 swipe() 函数和 browser.page_source，获取微信朋友圈多个页面的源代码，核心代码如下：

```
1  data_all = ''
2  for i in range(20):  # 这里设置向下滑动20次，可根据需求修改
3      data_old = browser.page_source
4      data_all = data_all + data_old
5
6      browser.swipe(50, 1000, 50, 200)  # 向下滑动
```

第 1 行代码创建了一个空字符串变量 data_all，用来汇总每个页面的源代码。第 3 行代码用 browser.page_source 获取当前页面的源代码。第 4 行代码将当前页面的源代码用字符串拼

接的方式汇总到 data_all 中。第 6 行代码用 swipe() 函数向下滑动 800 像素，加载新的页面。
这里通过一个 for 循环语句将获取源代码和翻页的操作重复执行 20 次（可根据需求修改）。

　　上述代码其实还有两个地方需要完善：❶每次滑动完需要等待一定时间再继续滑动，因
为如果滑动太快，可能会获取不到想要的源代码；❷有时微信朋友圈内容条数有限，可能不需
要滑动 20 次就已经"滑到头"了，因此，每次滑动完最好进行条件判断，以确定是否已经滑
动到页面最底端。完善后的代码如下：

```
1   import time
2
3   data_all = ''
4   for i in range(20):  # 这里设置向下滑动20次，可根据需求修改
5       data_old = browser.page_source  # 滑动前的源代码
6       data_all = data_all + data_old
7
8       browser.swipe(50, 1000, 50, 200)  # 向下滑动
9       time.sleep(2)  # 等待两秒
10
11      data_new = browser.page_source  # 滑动后的源代码
12
13      if data_new == data_old:  # 比较滑动后和滑动前的源代码，如果没有变
                                  化，则说明"滑到头"了
14          break  # 退出循环
15      else:
16          pass  # 继续循环
```

　　第 9 行代码用 time 库的 sleep() 函数在每
次滑动后等待两秒。第 11 行代码获取滑动后
的源代码，然后在第 13 行代码比较滑动后
和滑动前的源代码是否相同，如果相同则执
行 break 语句跳出循环，否则执行 pass 语句，
即什么也不做，继续循环。当然，第 15 行和
第 16 行代码也可以省略不写。

　　运行上述代码，成功地将朋友圈内容翻
到了最底端，如右图所示。

4.4.2　提取微信朋友圈内容

获取到页面源代码后，可以通过编写正则表达式来提取所需内容。不过由于源代码的规律比较难找，正则表达式的编写有一定难度。这里介绍一个更简便的方法：通过元素的 text 属性（见 4.3.2 节）来提取文本内容。核心代码如下：

```
a = browser.find_elements_by_id('com.tencent.mm:id/gbx')
for i in a:
    print(i.text)
```

上述代码主要使用 find_elements_by_id() 函数（见 4.3.2 节）来定位元素，元素的 id 值可用 UI Automator Viewer 获取，也可在获得的源代码中搜索和查看。用 find_elements_by_id() 函数获得的是一个列表，所以通过 for 循环语句遍历列表，再通过元素的 text 属性提取文本内容。

将上述代码添加到 4.4.1 节的代码中（添加后位于第 5～7 行），结果如下：

```
data_all = ''
for i in range(20):
    data_old = browser.page_source
    data_all = data_all + data_old
    a = browser.find_elements_by_id('com.tencent.mm:id/gbx')
    for i in a:
        print(i.text)

    browser.swipe(50, 1000, 50, 200)
    time.sleep(2)

    data_new = browser.page_source

    if data_new == data_old:
        break
    else:
        pass
```

此时的运行结果如下（部分内容从略）。需要注意的是，Appium 获取的信息有时会不全（例如，此处朋友圈中的纯文本内容就没获取到，可通过在获取的源代码中搜索来进行验证），这也是 Appium 的开发者需要改进的一点。

```
1   华能信托 ｜《Python金融大数据分析与机器学习》出版
2   重要提醒！事关疫情防控！
3   华能信托 ｜《Python金融大数据分析与机器学习》出版
4   重要提醒！事关疫情防控！
5   图片新闻
6   东台梁垛镇主体经济高质量发展涌春潮 ｜ 新华日报
7   关于有序恢复五官科、内镜中心等门诊的通告
8   紧急提醒！我们还要"禁足"多久？（必看）
9   所有来苏返苏的人，请到这里申报健康状况！紧急扩散！
10  疫情防控一级应急响应期间有关医疗服务的通告
11  …………
```

可以看到结果中有一些重复值，这是因为滑动后出现的新页面可能还包含了之前页面的内容，所以需要增加数据去重的操作，改进后的代码如下：

```
1   data_all = ''
2   text_all = []  # 创建一个空列表，用于存储提取的文本
3   for i in range(20):
4       data_old = browser.page_source
5       data_all = data_all + data_old
6       a = browser.find_elements_by_id('com.tencent.mm:id/gbx')
7       for i in a:
8           text_all.append(i.text)  # 用append()函数将文本添加到列表
9
10      browser.swipe(50, 1000, 50, 200)
11      time.sleep(2)
12
13      data_new = browser.page_source
14
15      if data_new == data_old:
```

```
16          break
17      else:
18          pass
19
20  text_all = set(text_all)  # 用set()函数进行去重
21  for i in text_all:  # 打印输出去重后的内容
22      print(i)
```

主要的改进是在第 2 行代码创建一个空列表 text_all，然后在第 8 行代码用 append() 函数将提取的文本添加到列表 text_all 中，第 20 行代码用 set() 函数进行列表去重，最后第 21 行和第 22 行代码打印输出去重后的内容。结果如下（部分内容从略）：

```
1  东台梁垛镇主体经济高质量发展涌春潮 ｜ 新华日报
2  关于有序恢复五官科、内镜中心等门诊的通告
3  华能信托 ｜《Python金融大数据分析与机器学习》出版
4  紧急提醒！我们还要"禁足"多久？（必看）
5  所有来苏返苏的人，请到这里申报健康状况！紧急扩散！
6  图片新闻
7  疫情防控一级应急响应期间有关医疗服务的通告
8  重要提醒！事关疫情防控！
9  …………
```

⚙ **补充知识点：列表去重的两种主流方法**

第 1 种方法是用 set() 函数将列表转换为集合，达到去重的目的，演示代码如下：

```
1  list1 = [3, 1, 5, 7, 1]
2  a = set(list1)
3  print(a)
```

运行结果如下：

```
1  {1, 3, 5, 7}
```

可以看到，用 set() 函数虽然实现了去重，但是丢失了原来的元素排列顺序。如果想保留元素的排列顺序，则可以用第 2 种方法去重，代码如下：

```
1    list1 = [3, 1, 5, 7, 1]
2    temp = []  # 创建一个临时列表，用于存储去重的结果
3    for i in list1:  # 遍历原列表
4        if i not in temp:  # 如果i不在临时列表中，则不是重复值
5            temp.append(i)  # 用append()函数将i添加到临时列表
```

总结一下：如果不在乎元素的排列顺序，则用第 1 种方法去重；如果在乎元素的排列顺序，则用第 2 种方法去重。

4.5　多开模拟器打开多个微信

在一个夜神模拟器中只能运行一个微信 App，而有时还需要同时运行多个微信 App，以分别登录不同的账号进行操作，此时便需要同时运行多个夜神模拟器。这种同时运行多个相同程序或 App 的操作称为"多开"，本节将讲解如何多开夜神模拟器并分别用 Appium 进行连接。

4.5.1　多开模拟器

夜神模拟器的多开方法非常简单。在安装夜神模拟器的同时，还安装了一个名为"夜神多开器"的软件。如右图所示，❶打开夜神多开器，❷在已经创建好的夜神模拟器（需处于关闭状态）左侧单击"复制"按钮▣，就可以复制出一份有相同设置的夜神模拟器，已安装的 App 等信息都会被复制过来，❸然后单击"启动"按钮▷，就可以同时运行这些夜神模拟器。

4.5.2　用 Appium 连接多个模拟器

完成夜神模拟器的多开后，还要通过 Python 和 Appium 来连接并操作这些模拟器，主要
有 4 个步骤：❶查看模拟器的端口；❷同时连接多个模拟器；❸同时打开多个 Appium；❹同时
运行多个 Python 文件。

1．查看模拟器的端口

在 4.2.1 节中，连接第一个夜神模拟器用的是命令"adb connect 127.0.0.1:62001"，其中的
端口为默认的 62001。要用 adb 连接多开的其他夜神模拟器，就需要知道它们的端口。

打开夜神模拟器的安装路径，进入文件夹"bin"下的文件夹"BignoxVMS"，如下图所
示。如果忘记安装路径，可以搜索文件夹"Nox"。这里有 3 个文件夹，其中的文件夹"nox"
为初始的夜神模拟器，其他两个文件夹"Nox_1"和"Nox_2"则是复制的两个夜神模拟器。

此电脑 > 本地磁盘 (D:) > Program Files > Nox > bin > BignoxVMS		∨ ↻	搜索"BignoxVMS"
名称 ^	修改日期	类型	大小
nox	2020/7/7 10:39	文件夹	
Nox_1	2020/7/7 10:39	文件夹	
Nox_2	2020/7/7 10:40	文件夹	

进入复制的模拟器的文件夹，如"Nox_1"，如下图所示，使用"记事本"或 PyCharm 打
开其中的文件"Nox_1.vbox"。

磁盘 (D:) > Program Files > Nox > bin > BignoxVMS > Nox_1		∨ ↻	搜索"Nox_1"
名称 ^	修改日期	类型	大小
Logs	2020/8/11 12:00	文件夹	
Snapshots	2020/7/7 17:26	文件夹	
Nox_1.vbox	2020/8/11 12:28	VirtualBox Mach...	8 KB
Nox_1.vbox-prev	2020/8/11 12:00	VBOX-PREV 文件	8 KB

在打开的文件中搜索 guestport="5555"，其所在行中 hostport 的值就是 adb 连接时需要的
端口，如下图所示，这里的端口为 62025。此外，IP 地址都为本机地址 127.0.0.1，无须特别关注。
用相同方法查看另一个复制的夜神模拟器的端口，为 62026。

2．同时连接多个模拟器

知道了不同夜神模拟器的端口后，在夜神多开器中单击"运行"按钮▶，将 3 个夜神模拟器逐一打开，如下图所示。

现在已经知道 3 个模拟器的 IP 地址都为本机地址 127.0.0.1，端口分别为 62001、62025、62026，就可以用 adb 连接这 3 个模拟器了。如下图所示，在命令行窗口中依次输入并执行命令"adb connect 127.0.0.1:62001""adb connect 127.0.0.1:62025""adb connect 127.0.0.1:62026"，如果 3 条命令的执行结果中都有"connected to 127.0.0.1:×××××"的信息，便表示 3 个模拟器均连接成功。也可以用命令"adb devices"来检查，如果显示 3 个设备的列表，同样表示连接成功。

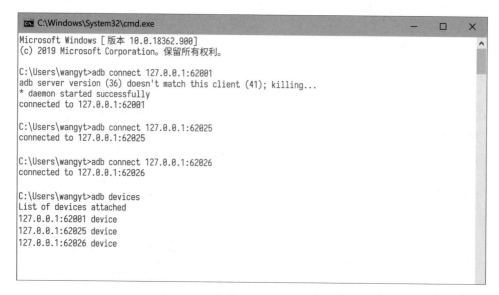

3. 同时打开多个 Appium

通过 adb 同时连接多个夜神模拟器后，还需要打开多个 Appium。在桌面上双击 Appium 图标，打开一个 Appium 窗口，再重复操作，又会打开一个新的 Appium 窗口。这里一共要打开 3 个 Appium 窗口。

打开多个 Appium 后，需要将它们的端口修改为不同的值，以免产生冲突。需要注意的是，只有在服务为停止状态时才能修改端口，在运行时则无法修改。第 1 个 Appium 使用默认端口 4723，我们不做修改。切换至第 2 个 Appium 的窗口，确认右上角的按钮为 ▶ 图标，表示该 Appium 的服务为停止状态，❶单击 ⚙ 按钮，❷在弹出的 "General Settings" 对话框中修改 "Port" 为 4725，❸再单击 ▶ 按钮启动服务（随后该按钮会变为 ■ 图标），如下图所示。

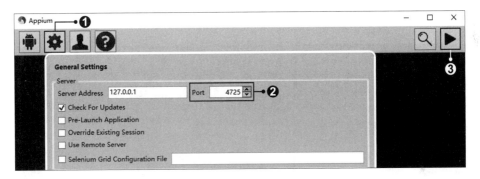

用相同方法将第 3 个 Appium 的端口改为 4726。这里的 4725 和 4726 是为了和上一步中的 62025 和 62026 相对应，读者也可改成自己喜欢的数字。

4. 同时运行多个 Python 文件

现在可以通过 Python 同时连接多个夜神模拟器了。将之前的 Python 文件复制两份，然后修改复制出的两份 Python 文件中的模拟器端口和 Appium 端口，涉及 3 行代码，具体如下：

```
1   ············
2       'deviceName': '127.0.0.1:62001'  # 将62001修改为前面查询到的模拟
        器端口
3       'udid': '127.0.0.1:62001'  # 将62001修改为前面查询到的模拟器端口
4   ············
5   browser = webdriver.Remote('http://127.0.0.1:4723/wd/hub', de-
    sired_caps)  # 将4723修改为前面设置的Appium端口
6   ············
```

　　这里将复制出的两份 Python 文件中的 62001 分别修改成 62025 和 62026，将 4723 分别
修改成 4725 和 4726。然后分别运行 3 个 Python 文件，如下图所示（此处用 Jupyter Notebook
演示，其他 IDE 如 PyCharm 也是类似的原理）。

　　就可以连接 3 个模拟器中的微信 App 了，如下图所示。如果发生 4.2.2 节提到的闪退现象，
可以手动打开微信 App，然后用 Python 来验证是否连接成功。

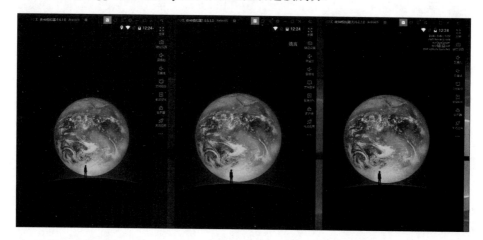

　　如果想连接模拟器中的其他 App，则还需要修改如下两行代码，参考 4.2.1 节修改对应的
包名和活动名。

```
1    'appPackage': 'com.tencent.mm',
2    'appActivity':'.plugin.account.ui.LoginPasswordUI'
```

　　至此，通过 Appium 操控手机 App 进行模拟操作便讲解完毕了。总结一下相关步骤：打
开夜神模拟器（手机模拟器）→通过 adb（Android Studio）连接夜神模拟器→打开并启动
Appium →通过 Python 连接夜神模拟器→进行手机 App 爬虫。在程序运行的过程中如果出现
问题，就按上述步骤重新操作一遍。除了爬取微信朋友圈，通过 Appium 还可以实现工作流
程自动化，如自动定时打新股、微信智能回复机器人等，感兴趣的读者可以自行研究。

课后习题

1. 简述软件环境变量配置的基本步骤。

2. 简述 Android Studio 连接夜神模拟器的核心命令。

3. 简述 Python 连接手机 App 的核心代码中的参数及其含义。

4. 简述 Appium 截取屏幕、滑动屏幕、点击屏幕、屏幕定位的核心代码。

5. 参考 4.3 节，对任意一个热门 App 进行模拟操作。

6. 使用 4.4.2 节"补充知识点"中的方法，对提取的朋友圈信息进行去重，并保持原顺序。

第 5 章

Scrapy 爬虫框架

Scrapy 是一个高级 Web 爬虫框架，用于爬取网站并从其页面中提取结构化数据。它可以应用于数据挖掘、数据监控和自动化测试等多个方面。与之前讲过的 Requests 库和 Selenium 库不同，Scrapy 更适合进行大批量的数据采集（类似百度搜索引擎），其内容相对复杂。对于普通的爬虫学习者来说，如果只是做一些小规模的数据爬取（不超过 10 万条数据），而不是做类似百度搜索引擎那样超大规模的数据爬取，那么简单了解本章内容即可。

5.1 Scrapy 框架基础

前面说过，Scrapy 是一个爬虫框架。所谓框架，可以理解成一个特殊的工具，它集成了许多事先编写好的常规代码，并做好了这些代码文件的连接，这样用户就可以专注于编写自己的任务中个性化部分的代码，无须自己编写常规代码。

Scrapy 的优缺点也很明显：优点是异步、高并发（速度快），且易于进行项目维护，在大规模数据爬取任务中有较大的优势；缺点是与传统的 Requests 库和 Selenium 库相比，由于涉及多个 Python 文件的交互，其代码编写较为复杂，且在小规模数据爬取任务中优势不大。

Scrapy 官方文档英文版网址为 https://docs.scrapy.org/en/latest/。如果阅读英文有困难，可借助浏览器的翻译功能将其翻译成中文。

5.1.1 Scrapy 的安装方法

如果已经安装了 Anaconda，那么通常直接使用命令 "pip install scrapy" 即可安装 Scrapy，如下图所示。

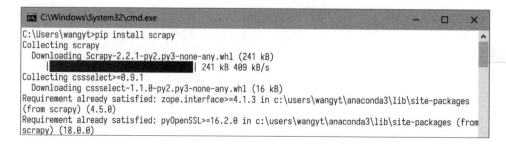

如果因为网络问题安装失败，可以尝试通过镜像服务器安装，例如，通过清华大学的镜像服务器安装 Scrapy 的命令为 "pip install -i https://pypi.tuna.tsinghua.edu.cn/simple scrapy"。

如果依旧安装失败，那么可能是 Anaconda 的版本问题导致一些辅助库没有安装好，需要手动下载并安装一个辅助库 Twisted。以 Windows 操作系统为例，直接安装 wheel 文件（扩展名为 ".whl"）成功率较高，具体步骤如下。

第 1 步：在浏览器中打开网址 https://www.lfd.uci.edu/~gohlke/pythonlibs/#twisted，下载适合自己的操作系统和 Python 版本的 wheel 文件，如下图所示。

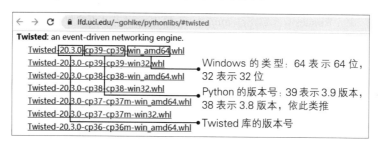

以笔者的计算机为例来选择下载文件。根据上图，Twisted 库的版本号选择最新的即可。Python 的版本号可在命令行窗口中输入并执行命令 "python" 来查询，如下图所示。这里显示的版本号为 3.8.3，因此选择文件名中有 "cp38" 的文件。此外，目前大部分计算机都是 64 位的。综上所述，笔者应下载 "Twisted-20.3.0-cp38-cp38-win_amd64.whl" 文件。

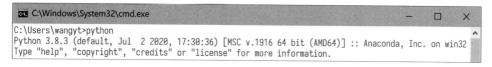

第 2 步：下载完 wheel 文件后，在文件资源管理器中打开 wheel 文件所在的文件夹，在路径栏中输入 "cmd" 后按【Enter】键，如下图所示。或者按住【Shift】键的同时在文件夹中右击，然后选择 "在此处打开 Powershell 窗口" 命令。

第 3 步：在弹出的命令行窗口中输入并执行命令 "pip install wheel文件名"，如下图所示，即可开始安装。

安装完 Twisted 库后，再通过命令 "pip install scrapy" 安装 Scrapy，即可安装成功。

技巧：通过 pip 命令安装库时，有时会提醒更新 pip（可理解为更新下载软件），不过通常不更新也并不影响库的下载（好比下载软件的版本新旧并不影响基本的下载功能的使用）。如果想更新 pip，可在命令行窗口中输入并执行命令"python −m pip install −−upgrade pip"。

5.1.2　Scrapy 的整体架构

　　Scrapy 的整体架构和数据流向如下图所示（箭头表示各组件之间的数据流向）。初学者看到下图往往会因为有很多新名词而产生畏难情绪，其实如果抛开专业术语，透过现象看本质，Scrapy 的核心逻辑与 Requests 库或 Selenium 库的爬虫逻辑并无区别，还是"请求数据→获取数据→解析数据→分析或处理数据"这一系列操作。

　　如果暂时看不懂下图也没有关系，可以直接跳到 5.1.3 节。接下来的案例实战会由简入繁地逐步讲解每一个组件，在实战中能更形象地体会各个组件的功能及关联性。

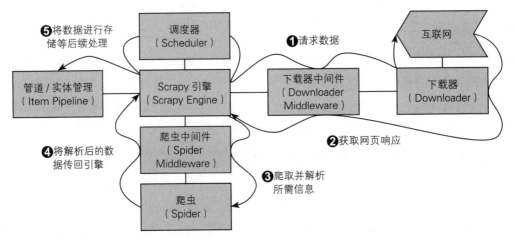

　　上图中的各个组件其实就是一个个 Python 文件，如下图所示。其中有些组件被整合到一个 Python 文件中了，例如，爬虫中间件和下载器中间件都位于文件"middlewares.py"中。后面会循序渐进地讲解这些文件。

spiders	_init_.py	items.py	middlewares.py	pipelines.py	settings.py
核心代码文件：编写爬虫逻辑、数据解析（如正则表达式）等代码，5.1.3、5.2、5.3、5.4 节讲解	初始文件：不重要，无须编写	实体文件：用于创建目标对象，5.3 节讲解	中间件文件：常用于应对反爬，如设置 IP 代理等，第 6 章讲解	管道文件：用于完成数据存储等后续处理，5.4 节讲解	设置文件：5.2 节讲解

各个组件的功能如下，目前简单了解即可，后面可在实战中进一步体会。

❶爬虫（Spider）：核心组件，它负责处理所有响应（Response）并从中分析和提取数据，获取 Item 字段需要的数据，并将需要跟进的网址（URL）提交给 Scrapy 引擎,再次进入调度器。

❷ Scrapy 引擎（Scrapy Engine）：负责爬虫、管道、下载器、调度器之间的通信，如信号和数据的传递等。

❸调度器（Scheduler）：负责接收 Scrapy 引擎发送过来的请求（Request），并按照一定的方式进行整理、排列、入队，当 Scrapy 引擎需要时，交还给 Scrapy 引擎。

❹下载器（Downloader）：负责下载 Scrapy 引擎发送过来的所有请求，并将获得的响应交还给 Scrapy 引擎，由其交给爬虫处理。

❺管道（Item Pipeline）：负责对爬虫获得的实体（Item）进行后期处理，如详细分析、过滤、数据库存储等。

❻下载器中间件（Downloader Middleware）：可视为一个能自定义扩展下载功能的组件，用于设置请求头、IP 代理、Cookie，以及自定义下载等，常用在 Scrapy 反爬中（第 6 章讲解）。

❼爬虫中间件（Spider Middleware）：用于修改传入和传出爬虫的内容，如请求、项目、异常等，一个例子是过滤掉包含错误 HTTP 状态代码的响应。相比于下载器中间件,用得较少。

Scrapy 框架之所以简单，就是因为它已经帮我们实现了许多组件，如下表所示。其核心组件是爬虫（Spider），即我们主要编写的 Python 文件，其他组件有的不需要我们编写，有的则是在需要时编写。

组件名	作用	是否实现
Scrapy 引擎 （Scrapy Engine）	负责数据和信号的传递（总调度师）	Scrapy 已实现
调度器（Scheduler）	接收发送过来的请求队列	Scrapy 已实现
下载器（Downloader）	下载发送过来的请求（网页源代码）	Scrapy 已实现
爬虫（Spider）	处理返回的响应，提取数据和网址	需要自己实现（核心代码）
管道（Item Pipeline）	处理返回的数据，如存储到数据库等	需要自己实现（偶尔使用）
下载器中间件 （Downloader Middleware）	自定义下载、设置 IP 代理、设置请求头等	根据自己的需要实现（偶尔使用）
爬虫中间件 （Spider Middleware）	自定义请求和过滤响应	根据自己的需要实现（用得很少）

Scrapy 框架的执行流程如下，简单了解即可。在实践中可以跳过其中某些不必要的步骤，从而简化代码的编写。

❶爬虫（Spider）将请求发送给 Scrapy 引擎（Scrapy Engine）。

❷ Scrapy 引擎（Scrapy Engine）对请求不做任何处理便发送给调度器（Scheduler）。

❸调度器（Scheduler）生成请求，交给 Scrapy 引擎（Scrapy Engine）。

❹ Scrapy 引擎（Scrapy Engine）拿到请求后，通过下载器中间件（Downloader Middleware）进行层层过滤，发送给下载器（Downloader）。

❺下载器（Downloader）在互联网上获得响应数据之后，又通过下载器中间件（Downloader Middleware）进行层层过滤，发送给 Scrapy 引擎（Scrapy Engine）。

❻ Scrapy 引擎（Scrapy Engine）获得响应数据之后，返回给爬虫（Spider）。爬虫（Spider）对获得的响应数据进行处理，从返回页面的响应数据中提取出 Item（以 Item 对象的形式返回）或其他合法的网址（以请求的形式返回），发送给 Scrapy 引擎（Scrapy Engine）。

❼ Scrapy 引擎（Scrapy Engine）获得 Item 对象或请求后，将 Item 对象发送给管道（Item Pipeline），将请求发送给调度器（Scheduler）。

上面的知识理论性较强，不建议读者在初学阶段就做过多研究，后续章节还会结合案例实战逐步介绍相关知识点。

5.1.3　Scrapy 的常用指令

和之前在 PyCharm 或 Jupyter Notebook 等 IDE 中编写爬虫代码不同，Scrapy 需要以命令行的方式来创建和运行爬虫项目。常用的指令就是下表中的 4 条，它们是按 Scrapy 实现爬虫的运行逻辑和步骤排列的。

指令	作用
scrapy startproject ×××（项目名）	创建爬虫项目
cd ×××（项目名）	进入爬虫项目
scrapy genspider ×××（爬虫名）×××.com（域名）	创建具体的爬虫文件
scrapy crawl ×××（爬虫名）	运行爬虫项目

下面以 Windows 系统为例，通过实际操作来学习上述指令的用法。

1．创建爬虫项目

Scrapy 的爬虫项目不是单个的 Python 文件，而是由一个个相互关联的 Python 文件组成，每个 Python 文件各司其职，发挥着不同的作用。因此，使用 Scrapy 框架的第一步就是创建爬虫项目。

假设要在文件夹"E:\书籍\Python 零基础爬虫入门到精通\14.Scrapy\1. 常见指令"下创建爬虫项目。在文件资源管理器中进入该文件夹，在路径栏中输入"cmd"，如下图所示，按【Enter】键，在该文件夹路径中打开命令行窗口。或者按住【Shift】键的同时在文件夹中右击，然后选择"在此处打开 Powershell 窗口"命令。

在打开的命令行窗口中输入"scrapy startproject ×××"，其中"×××"为项目名，如"scrapy startproject demo"，然后按【Enter】键，如下图所示。

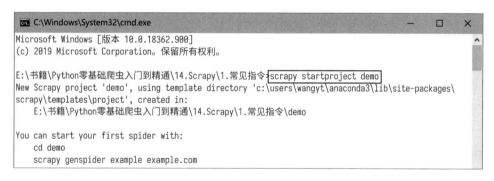

此外，可以看到上图中系统提示的最后两行就是之后要讲的指令，因此，我们无须死记硬背 Scrapy 指令，系统会自动提示我们需要做什么。

创建完爬虫项目，会在该文件夹下自动生成一个名为"demo"的文件夹，如下图所示。

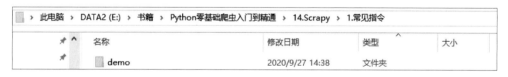

进入文件夹"demo"，可看到里面还有一个名为"demo"的文件夹（真正的项目文件夹），如下图所示，我们之后要编写的爬虫文件就位于此文件夹中。此外还有一个名为"scrapy.cfg"的配置文件，无须在意，但不可以删除。

> 此电脑 > DATA2 (E:) > 书籍 > Python零基础爬虫入门到精通 > 14.Scrapy > 1.常见指令 > demo >			
名称	修改日期	类型	大小
demo	2020/9/27 14:33	文件夹	
scrapy.cfg	2020/9/27 14:33	CFG 文件	1 KB

打开上图中的文件夹"demo"，可以看到 Scrapy 框架包含的各个 Python 文件，如下图所示。其中最重要的是文件夹"spiders"，后续要编写的核心代码都位于该文件夹下的 Python 文件中。

创建好爬虫项目之后，因为项目并不是一个单独的 Python 文件，所以需要用 PyCharm 打开项目。下面介绍两种方法。

第 1 种方法是用右键快捷菜单打开项目。返回上一级文件夹，❶右击文件夹"demo"，❷在弹出的快捷菜单中执行"Open Folder as PyCharm Community Edition Project"（将文件夹作为 PyCharm 项目打开）命令，如下图所示。也可以对更上一级的文件夹"demo"用上述方法打开项目。

如果在右键菜单中没有上图的命令，可能是在安装 PyCharm 时未勾选"Add 'Open Folder as Project'"复选框，如右图所示。此时可参考《零基础学 Python 网络爬虫案例实战全流程详解（入门与提高篇）》的第 1 章重新安装 PyCharm。

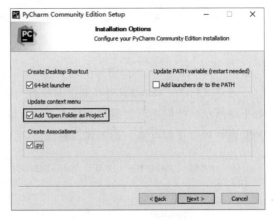

第 2 种方法是用 PyCharm 的菜单打开项目。启动 PyCharm 后，执行菜单命令"File> Open"，然后在弹出的"Open File or Project"对话框中打开相关项目文件夹，如右图所示。

用 PyCharm 打开项目后，会发现项目里的很多 Python 文件只有一些默认的内容，而且文件夹"spiders"里除了初始文件也没有具体的爬虫文件，如下图所示。说明爬虫项目离完成还很远，还需要做很多工作。下面将通过指令的方式进入爬虫项目，并创建具体的爬虫文件。

2. 进入爬虫项目

上一步创建的爬虫项目只是一个空壳，我们需要进入该项目并创建具体的爬虫文件。其实在用 startproject 指令创建完项目后，系统已经给了我们提示，如下图所示，根据提示输入并执行指令"cd demo"，进入项目文件夹"demo"。其中"cd"是命令行窗口中用于进入指定文件夹的指令。

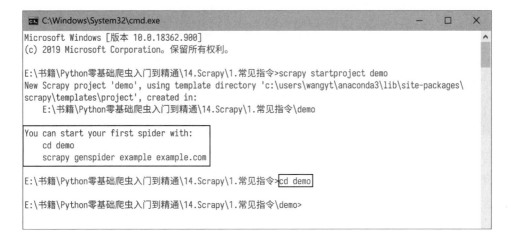

3．创建具体的爬虫文件

进入项目后，我们可以创建具体的爬虫文件。以爬取百度为例，如下图所示，输入并执行指令"scrapy genspider baidu baidu.com"，创建具体的爬虫文件。"genspider"后的"baidu"为爬虫文件名，也可以换成其他名称，而"baidu.com"中的"baidu"则是百度的域名，不能换成其他内容。并且注意这里的爬虫文件名不能和项目名相同。

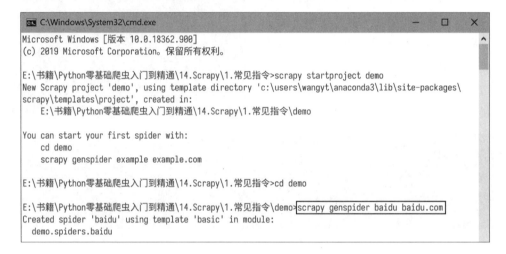

执行完上图中的指令后，在项目的文件夹"spiders"下就生成了一个名为"baidu.py"的Python文件，如下图所示。

打开"baidu.py"，可看到 Scrapy 框架自动生成的代码。其中定义了一个类 BaiduSpider，类中有一些属性和方法（类中的函数称为方法，两者略有些区别，不过无须深究）。关于类的知识会在 5.5 节讲解，这里先将几个属性和方法（函数）的含义简单列于下表。

属性和方法	含义	属性和方法	含义
name	爬虫文件名	start_urls	爬取的初始网址
allowed_domains	允许爬取的域名区域	parse() 函数	用于实现爬虫逻辑的函数

其中 name、allowed_domains、start_urls 属性的内容都是随 "scrapy genspider baidu baidu.com" 这一指令自动生成的。name 和 allowed_domains 属性分别对应爬虫文件 "baidu.py" 和域名 baidu.com。笔者经过尝试后发现，其实 Scrapy 并没有很严格地限制允许爬取的域名，域名不是 baidu.com 的网站也能爬取，所以这两个属性简单了解即可。

start_urls 属性是初始的默认爬取网址，可以修改成自定义的内容，如百度新闻的相关网址，在 5.2 节会进行实践。

parse() 函数用于实现爬虫逻辑，是代码编写工作的重点。该函数有两个默认参数 self 和 response：self 为在类中定义函数的固定格式（参见 5.5 节），简单了解即可；response 则是 Scrapy 框架获取的网络响应，比较重要。

目前 parse() 函数中只有 pass 语句，表示什么也不做。现在为 parse() 函数添加功能代码，尝试获取百度首页的源代码。如下图所示，在 parse() 函数中添加一行代码 print(response.text)，其中 response 是 Scrapy 框架获得的网络响应，那么 response.text 就是获取网页源代码。添加代码后，parse() 函数已经具备具体的功能，其实可以把 pass 语句删除，这里还是先保留着，不影响代码的执行。

4．运行爬虫项目

接下来要做的是运行爬虫项目。如果像在 PyCharm 中运行单个代码文件那样，❶右击文件 "baidu.py"，❷在弹出的快捷菜单中执行 "Run 'baidu'" 命令，❸那么打印输出结果会是空白的，如下图所示。

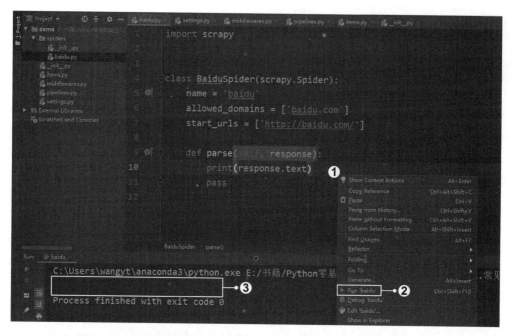

这是因为 Scrapy 爬虫项目是由多个 Python 文件组成的，这里的 "baidu.py" 其实和其他 Python 文件有关联。如果只运行这一个文件，并不能真正启动爬虫项目。在 Scrapy 中，应该使用指令 "scrapy crawl ×××（爬虫名）" 来执行爬虫项目。这里的爬虫名为 "baidu"，那么对应的指令为 "scrapy crawl baidu"。

有两种方法来执行指令：在之前打开的命令行窗口中执行；在 PyCharm 的终端（Terminal）中执行。首先来演示在命令行窗口中执行。如下图所示，在命令行窗口中输入并执行指令 "scrapy crawl baidu"。

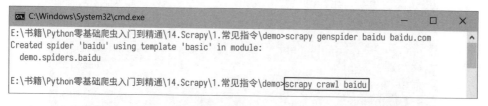

运行结果如下图所示，可以看到打印输出了一些内容，说明爬虫项目运行成功。但是这些内容并不是百度首页的网页源代码，主要原因是百度采取了一些反爬措施。图中的提示 "DEBUG：Forbidden by robots.txt：<GET http://baidu.com>"，表示百度的 Robots 协议禁止直接通过 Scrapy 框架爬取。至于什么是 Robots 协议以及如何破解 Robots 协议，将在 5.2 节讲解。

在 PyCharm 的终端中运行爬虫项目的操作更加简单：❶在 PyCharm 窗口的底部单击"Terminal"选项卡，❷然后输入指令"scrapy crawl baidu"，按【Enter】键，如下图所示。

此外，新打开一个项目时，如果终端里的内容没有相应改变，❶可以右击文件，❷在弹出的快捷菜单中执行"Open in Terminal"命令，如下图所示。

在 PyCharm 的终端中运行的结果和在命令行窗口中运行的结果一样，都被百度禁止爬取了，如下图所示。因为在 PyCharm 的终端中运行爬虫项目不仅操作简单，而且输出形式美观，所以之后都会以这种方式运行爬虫项目。

```
2020-09-27 14:54:15 [scrapy.core.engine] INFO: Spider opened
2020-09-27 14:54:15 [scrapy.extensions.logstats] INFO: Crawled 0 pages (at 0 pages/min), scraped 0 items (at 0 items/min)
2020-09-27 14:54:15 [scrapy.extensions.telnet] INFO: Telnet console listening on 127.0.0.1:6023
2020-09-27 14:54:16 [scrapy.core.engine] DEBUG: Crawled (200) <GET http://baidu.com/robots.txt> (referer: None)
2020-09-27 14:54:16 [scrapy.downloadermiddlewares.robotstxt] DEBUG: Forbidden by robots.txt: <GET http://baidu.com/>
2020-09-27 14:54:16 [scrapy.core.engine] INFO: Closing spider (finished)
2020-09-27 14:54:16 [scrapy.statscollectors] INFO: Dumping Scrapy stats:
```

补充知识点：在 PyCharm 中通过 Python 文件启动爬虫项目

如下图所示，❶在文件夹"spiders"的同级文件夹中新建 Python 文件"main.py"，❷然后在文件中输入如下代码，❸再用右键快捷菜单运行该文件，同样可以执行终端指令。这样做的好处是不用手动输入指令，而且输出结果也比较美观。

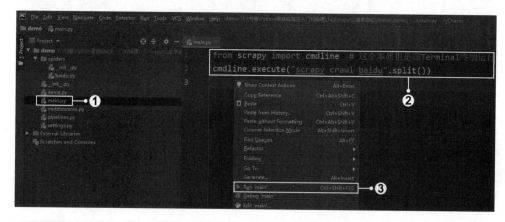

```
1  from scrapy import cmdline
2  cmdline.execute("scrapy crawl 爬虫名".split())
```

第 1 行代码导入 cmdline 模块来执行命令行指令。第 2 行代码用 split() 函数根据空格拆分指令字符串，再用 execute() 函数输入到命令行中执行，相当于直接在终端中执行指令"scapy crawl 爬虫名"。

5.2 案例实战 1：百度新闻爬取

学习完 Scrapy 框架的基本操作，本节进入实战环节，用 Scrapy 框架爬取百度新闻。之所以选择百度作为首个案例，是因为其有一些反爬手段，正好可以用于讲解 Scrapy 框架的一些组件知识：如何通过修改设置文件破解 Robots 协议，并添加 User-Agent 伪装成浏览器访问网站。

5.2.1　Robots 协议破解

5.1.3 节中运行爬虫项目时遇到了提示 "DEBUG：Forbidden by robots txt：<GET http://baidu.com>"，说明百度的 Robots 协议禁止 Scrapy 框架直接爬取。要破解 Robots 协议，首先得了解什么是 Robots 协议。

Robots 协议的全称是 "网络爬虫排除标准"（Robots Exclusion Protocol），又称为爬虫协议、机器人协议等。网站通过 Robots 协议告诉爬虫引擎哪些页面可以爬取，哪些页面不能爬取。通过在网址后添加 "/robots.txt"，可以查看网站的 Robots 协议内容。例如，百度的 Robots 协议如下图所示，里面列出了禁止哪些爬虫引擎爬取哪些页面。

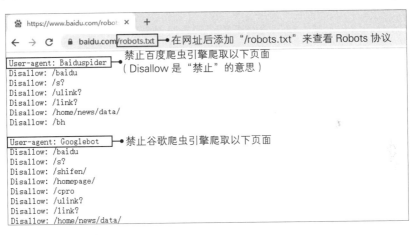

Robots 协议的破解方法很简单。如下图所示，❶打开爬虫项目的设置文件 "settings.py"，❷找到第 20 行左右的变量 ROBOTSTXT_OBEY，把原来的 True 改成 False 即可。OBEY 意为 "遵守"，将变量 ROBOTSTXT_OBEY 设置为 False 就表示不遵守 Robots 协议。

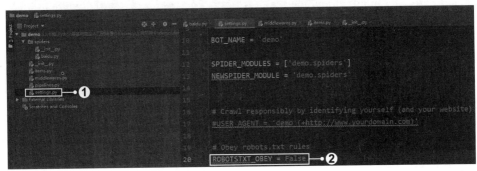

在 PyCharm 的终端中执行指令"scrapy crawl baidu"，再次运行爬虫项目，结果如下图所示，可以看到已经能获取到一些网页源代码。

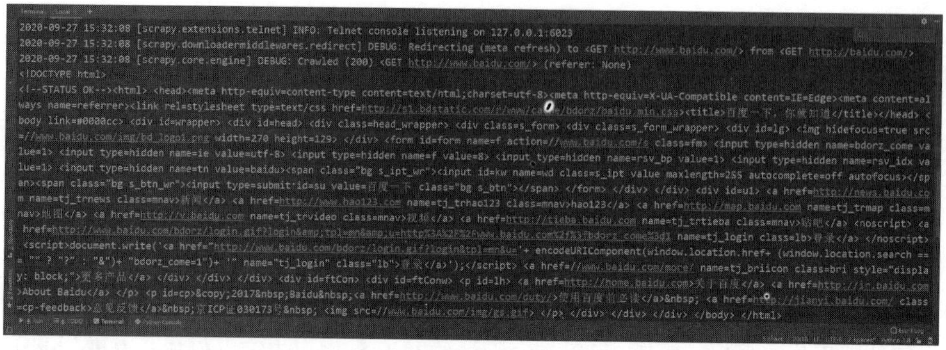

> **技巧**：在 PyCharm 的终端中按【↑】键和【↓】键可以快速选择之前输入过的内容，按快捷键【Ctrl+F】可以快速搜索内容，按快捷键【Ctrl+L】可以清空屏幕。

细心的读者可能会发现，获得的网页源代码不像之前爬取到的一个正常网页的源代码的内容。这是因为百度还设置了 User-Agent 反爬，如果不是通过浏览器而是通过程序访问百度，会被直接拒绝。5.2.2 节将讲解如何在 Scrapy 框架中设置 User-Agent，以模拟浏览器访问网站。

5.2.2　User-Agent 设置

在 Requests 库中，User-Agent 是在 headers 参数中设置的。在 Scrapy 框架中，User-Agent 则是在设置文件中设置的。❶打开爬虫项目的设置文件"settings.py"，❷然后在第 40 行左右，选中如下图所示的这几行代码，按快捷键【Ctrl+/】取消注释，也就是激活这几行代码。

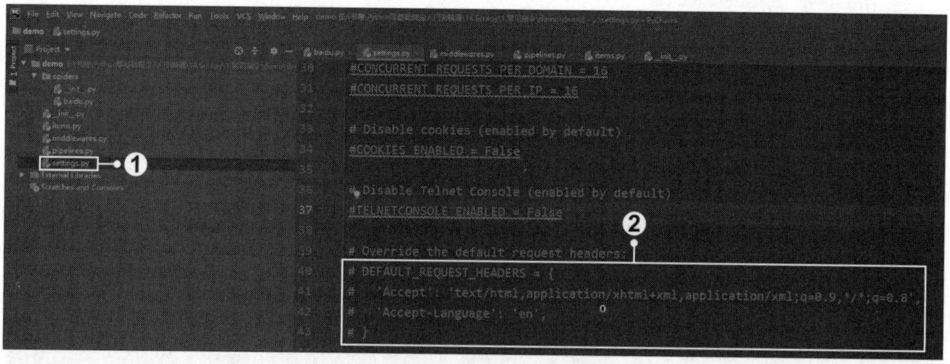

其中的 DEFAULT_REQUEST_HEADERS 意为"默认请求头"，将其激活，也就是给爬虫添加请求头。其设置方法和 Requests 库的 headers 参数是一样的，我们在里面添加如下所示的一行 User-Agent 代码：

```
1    'User-Agent': 'Mozilla/5.0 (Windows NT 10.0; Win64; x64) AppleWeb-
     Kit/537.36 (KHTML, like Gecko) Chrome/85.0.4183.121 Safari/537.36'
```

User-Agent 值的获取方法为：在谷歌浏览器的地址栏中输入"about://version"，打开的页面中的"用户代理"值就是 User-Agent 值。

添加后的效果如下图所示。

添加完 User-Agent 之后，再次用指令"scrapy crawl baidu"运行爬虫项目，即可获取到完整的网页源代码，如下图所示。

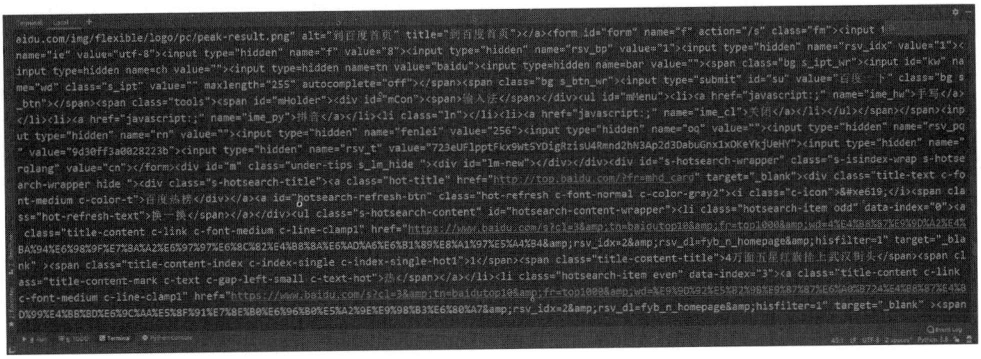

通常建议在爬虫项目的设置文件中把 Robots 协议相关代码设置为 False，并添加一个 User-Agent，这样能绕过一些潜在的反爬手段。当然，有很多网站不需要设置这两项也能爬取，如 5.3 节要讲到的新浪新闻，如果为了省事也可以先不设置，当发现有问题时再设置也不迟。

5.2.3　百度新闻标题爬取

本节要修改文件夹"spiders"中的爬虫文件"baidu.py"，实现百度新闻标题的爬取。相关代码都是最基本的爬虫代码，所以不会做详细讲解。

如下图所示，❶首先导入正则表达式库 re；❷然后设置初始网址为百度新闻的网址，这里搜索的关键词为"阿里巴巴"；❸在 parse() 函数中用正则表达式从网页源代码中提取新闻标题，注意这里 response 只是获取的响应，response.text 才是网页源代码；❹最后进行数据清洗和打印输出。

```
import scrapy
import re          ①

class BaiduSpider(scrapy.Spider):
    name = 'baidu'
    allowed_domains = ['baidu.com']
    start_urls = ['https://www.baidu.com/s?rtt=1&bsst=1&cl=2&tn=news&word=...']   ②

    def parse(self, response):
        res = response.text   # 注意用response.text获取到文本内容
        p_title = '<h3 class="news-title_1YtI1">.*?>(.*?)</a>'     ③
        title = re.findall(p_title, res, re.S)
                                                        ④
        for i in range(len(title)):   # range(len(title)),这里因为知道len(title) = 10，所以也可以写成for i in range(10)
            title[i] = re.sub('<.*?>', '', title[i])   # 核心：用re.sub()直接删除替换不重要的内容
            print(str(i + 1) + '   ' + title[i])
```

在 PyCharm 的终端中运行爬虫项目，结果如下图所示，成功地爬取了新闻标题。

```
84> (referer: None)
1.投资省月余坛 资本市场看好阿里巴巴持续增长与创新能力
2.重庆工商职业技术学院阿里直播售人才孵化基地获阿里巴巴集团总部...
3.降勋金见阿里巴巴荣退董事会主席张勇
4.3年不宜,阿里巴巴新制造正式投产!
5.阿里巴巴达摩院黑科技再亮相云栖大会--【足疗将】3D翻型扫描仪
6.是哪些回忆2001:阿里巴巴的青水一战
7.阿里巴巴供末联合河南许昌 推进全球23个污染直播基地
8.湖南携手与阿里巴巴助"湘品出海"
9.阿里巴巴同入全球"创新力"企业十强,成唯一一家入选的中国企业
10.与马云阿里巴巴正式开通艺术品金融银行业务,促进文化产业发展登上新...
2020-09-27 15:51:27 [scrapy.core.engine] INFO: Closing spider (finished)
2020-09-27 15:51:27 [scrapy.statscollectors] INFO: Dumping Scrapy stats:
```

看到这里，有的读者也许会有疑问：如果把数据爬取、解析、打印输出或存储的代码都写在 "baidu.py" 中，那么和利用 Requests 库或 Selenium 库来爬取又有什么区别呢？或者说 Scrapy 框架中的其他文件（如实体文件、管道文件）又有什么用呢？这个问题将在 5.3 节和 5.4 节逐一进行讲解。

5.3 案例实战 2：新浪新闻爬取

在实际应用 Scrapy 框架时，并不会把所有爬虫代码都写在文件夹 "spiders" 下的爬虫文件里，因为这样就无法充分利用 Scrapy 作为一个框架的优势——完善的项目管理性能。

在 Scrapy 的爬虫项目中，可以把不同功能的代码写在不同的 Python 文件里，以便作为一个整体来运营与维护（例如，不同的程序员可以专注于维护自己的业务板块）。

通常把数据获取与解析的代码写在文件夹 "spiders" 下的爬虫文件中，把变量首先定义在实体文件中，把数据后续处理（如将数据写入 Excel 工作簿或数据库）的代码写在管道文件中。本节以爬取新浪新闻为例来讲解如何编写实体文件的内容。

5.3.1 实体文件设置

首先用 5.1 节讲解的方法创建一个爬取新浪新闻的 Scrapy 爬虫项目。通过在路径栏输入"cmd"后按【Enter】键进入命令行窗口，然后输入相关指令，创建项目和爬虫文件，如下图所示。注意项目名和爬虫文件名不能一样，这里的项目名为 xinlang，爬虫文件名为 xina。

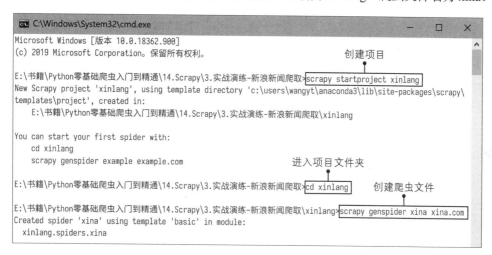

目前新浪新闻不设置 Robots 协议和 User-Agent 也能爬取内容，感兴趣的读者可参考 5.2 节自行修改设置文件。这里不修改设置文件，先来修改实体文件。如下图所示，❶在 PyCharm 中打开爬虫项目，❷然后打开实体文件"items.py"，❸在 XinlangItem 类下添加几行代码。

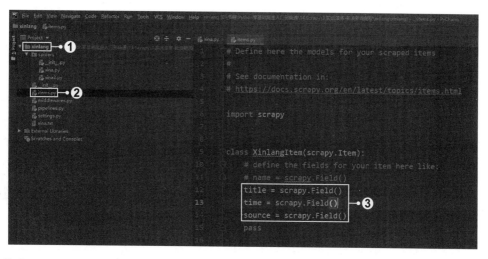

其中的 title、time、source 分别对应后续要爬取的新闻标题、日期和来源，scrapy.Field()

可以理解为一个存储变量的区域，通过文件夹"spiders"里的爬虫文件获取的内容都会存储在此处设置的区域里，然后以实体文件作为中转站，将这些变量传输到其他文件中，例如，传输到管道文件中进行数据存储等处理。

设置完实体文件，就可以在实战中应用刚才创建的变量了。

5.3.2　新浪新闻爬取：爬取一条新闻

本节先来爬取一条新闻的标题、来源和日期，网址为 https://news.sina.com.cn/gov/2020-09-28/doc-iivhuipp6876829.shtml，页面效果如下图所示。

打开文件夹"spiders"下的爬虫文件"xina.py"，编写相关的爬虫代码，完整代码如下图所示。

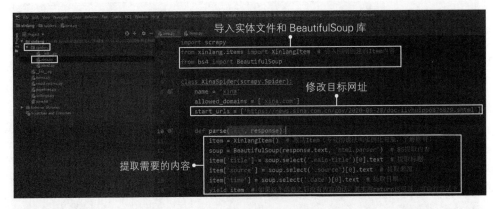

下面逐个讲解添加和修改的代码。首先需要在开头导入实体文件，代码如下：

```
1    from xinlang.items import XinlangItem
```

其中 xinlang 为爬虫项目名，items 代表实体文件，XinlangItem 为实体文件中定义的类（见 5.3.1 节）。在编写其他爬虫项目时，需要根据实际的项目名和类名修改这行代码。

注意：通过上述代码导入实体文件时，有时 PyCharm 会在代码下方用红色波浪线标示错误，这是因为 PyCharm 没有识别出 Scrapy 框架的内部调用，误以为没有 xinlang 这个文件。其实代码并没有错，在终端中运行代码并不会出现问题。

这里在代码文件开头还导入了 BeautifulSoup 库，用于解析所需内容。然后将初始网址 start_urls 修改为要爬取的网址。

导入库之后，还需要在 parse() 函数中激活实体文件（专业的说法是"实例化对象"，了解即可），代码如下：

```
1  def parse(self, response):
2      item = XinlangItem()  # 激活实体文件
```

第 2 行代码中的 XinlangItem 就是前面导入的类。

导入并激活实体文件后，用 BeautifulSoup 库解析网页源代码，感兴趣的读者也可用正则表达式来解析。先研究网页源代码的规律，发现可根据 class 属性值选取网页元素，如下图所示。

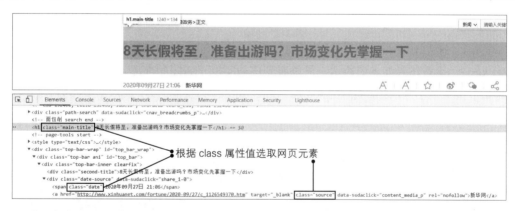

根据上述分析编写出如下代码：

```
1  def parse(self, response):
2      item = XinlangItem()  # 激活实体文件
3      soup = BeautifulSoup(response.text, 'html.parser')  # 用
       BeautifulSoup库解析网页源代码
4      item['title'] = soup.select('.main-title')[0].text  # 提取标题
5      item['source'] = soup.select('.source')[0].text  # 提取来源
```

```
6    item['time'] = soup.select('.date')[0].text  # 提取日期
7    yield item  # 如果这个函数之后没有代码，其实也可以用return语句，读
     者可自行尝试
```

首先要注意，response.text 才是网页源代码，所以第 3 行代码中为 BeautifulSoup() 传入的是 response.text。第 4～6 行代码先用 select() 函数根据 class 属性值选取网页元素，例如，soup.select('.main-title') 表示选取 class 属性值为"main-title"的网页元素。这里因为只有一条新闻，所以接着通过 [0] 提取列表中的第一个也是唯一一个网页元素，再通过 text 属性提取网页元素的文本。提取文本后，需要通过赋值给 item['title'] 的方式把提取结果传入实体文件，其中的 title、source、time 都是 5.3.1 节在实体文件中创建的变量。最后在第 7 行代码通过 yield item 返回获取的内容。

学到这里，读者可能会产生两个疑问：

❶为什么要把提取结果传入实体文件？这是因为实体文件类似一个数据中转站，要通过实体文件和其他文件进行交互，例如之后会和管道文件进行交互，在管道文件中进行数据存储等操作。

❷为什么最后设置函数返回值用的是 yield item 而不是 return item？这个问题将在本节的"补充知识点"中回答。

理解上面的代码编写原理后，开始运行代码。在 PyCharm 的终端中输入并执行指令"scrapy crawl xina"，运行结果如下图所示，可以看到成功爬取了新闻的来源、日期和标题。还可以看到 item 是一个字典，之前编写的 source、time、title 作为字典的键，爬取结果作为字典的值。这里只爬取了一条新闻，所以字典的值是一个字符串；如果有多个爬取结果（如 5.3.3 节爬取多条新闻），那么字典的值会是由多个结果组成的列表。

📹 **补充知识点：yield 和 return 的区别**

对于 yield 和 return 的区别，我们无须了解太深，只需要知道函数在执行过程中如果遇到 return ××× 语句，就会返回相应内容，并且不再执行函数内该语句之后的代码；而如果遇到 yield ××× 语句，则会在返回相应内容后继续执行函数内该语句之后的代码。

假设定义了两个函数 y(x) 和 z(x)，其中 y(x) 使用 return x，z(x) 使用 yield x，代码如下：

```
1   def y(x):
2       x = x + 1
3       return x
4       print('这里使用的是return')
5
6   def z(x):
7       x = x - 1
8       yield x
9       print('这里使用的是yield')
```

通过如下代码来调用函数：

```
1   a = y(1)
2   print(a)
3
4   b = z(1)
5   for i in b:  # yield会产生一个生成器，需用for循环语句遍历其内容
6       print(i)
```

运行结果如下：

```
1   2
2   0
3   这里使用的是yield
```

可以看到，y(x) 函数执行完 return x 后，不再执行后面的 print('这里使用的是 return')；而 z(x) 函数执行完 yield x 后，还会继续执行后面的 print('这里使用的是 yield')。不过需要注意，yield 会产生一个生成器（一种可迭代对象，类似于 range() 函数产生的对象），需要通过 for 循环语句遍历其内容。

Scrapy 框架中之所以要用 yield item，是因为在一些复杂的爬虫项目中，需要在 parse() 函数中写很多代码，用 yield item 可以不间断地执行代码，在循环获取数据时比较有效。本章的爬虫项目并不复杂，用 return item 也是可以的。

5.3.3 新浪新闻爬取：爬取多条新闻

5.3.2 节爬取了一条新闻，本节则要爬取多条新闻。要爬取的网址为 https://news.sina.com. cn/china/，其内容为国内新闻，本节的目标是爬取该页面上的热点新闻标题，并将爬取结果写入文本文件。

首先在 5.3.2 节创建的爬虫项目 xinlang 中新建一个爬虫文件，命名为 xina2，如下图所示。当然，也可以从头开始创建一个新的爬虫项目，再创建爬虫文件。

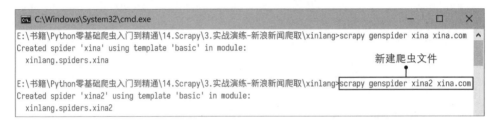

随后会在文件夹"spiders"下新增一个文件"xina2.py"，因为 5.3.2 节已经在实体文件中通过 title = scrapy.Field() 创建了变量 title，所以无须重复操作，直接打开"xina2.py"，编写相关代码，如下图所示。

首先和 5.3.2 节一样导入实体文件和 BeautifulSoup 库；接着修改初始网址 start_urls 为目标网址 https://news.sina.com.cn/china/；然后通过 BeautifulSoup 库解析网页源代码，其规律如下图所示。

这里利用 class 属性值以及 <li> 列表标签和 <a> 链接标签来解析新闻标题，核心代码如下，感兴趣的读者也可以用正则表达式来解析。

```
1   def parse(self, response):
2       item = XinlangItem()
3       soup = BeautifulSoup(response.text, 'html.parser')
4       title = soup.select('.news-1 li a') + soup.select('.news-2 li a')
5       title_list = []  # 用于存储提取的多个新闻标题
6       for i in range(len(title)):
7           title_list.append(title[i].get_text())
8
9       item['title'] = title_list
10      yield item  # 如果这个函数之后没有代码，其实也可以用return语句，读
                    者可自行尝试
```

其中有几点需要注意。该页面将热点新闻分为两部分，不同部分新闻的 class 属性值不同，所以第 4 行代码通过 soup.select('.news-1 li a') 和 soup.select('.news-2 li a') 分别选取不同 class 属性值下的网页元素，再用 "+" 运算符拼接在一起，然后在第 6 行和第 7 行代码通过 for 循环语句提取每个网页元素的文本内容，最后在第 9 行代码赋给 item['title']。

在 PyCharm 的终端中执行指令 "scrapy crawl xina2" 来运行爬虫文件，结果如下图所示。可以看到，这里爬取到的是多个结果，所以在字典 item 中，title 键对应的值是一个列表。

```
{'title': ['破纪录！袁隆平团队双季稻晚稻亩产911.7公斤',
           '2020年版第五套人民币5元纸币详解(图)',
```

5.3.4　新浪新闻爬取：生成文本文件报告

本节要进行数据的爬后处理，即将数据写入数据库或文件等后续操作。本节的内容会涉

及管道文件的设置，为 5.4 节的豆瓣图片爬取作铺垫，并且帮助读者理解实体文件所扮演的数据中转站的角色。

在 PyCharm 中打开管道文件"pipelines.py"，其中有一些默认的初始代码，我们在此基础上补充下图框中的代码，其功能是将爬取的新闻标题写入文本文件。

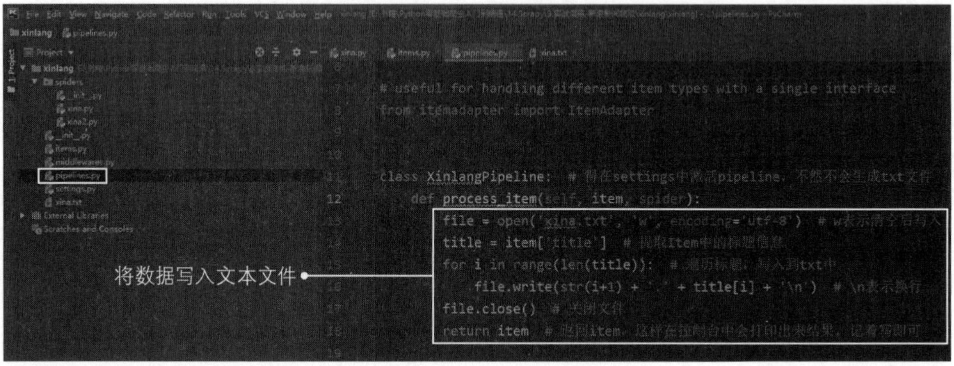

将数据写入文本文件

下面逐行讲解核心代码。如下两行代码是系统自动生成的，无须修改，我们需要做的是在 XinlangPipeline 类中的 process_item() 函数中编写数据爬后处理的相关代码。

```
1  class XinlangPipeline:
2      def process_item(self, item, spider):
```

process_item() 函数中的数据爬后处理代码如下：

```
1          file = open('xina.txt', 'w', encoding='utf-8')
2          title = item['title']
3          for i in range(len(title)):
4              file.write(str(i + 1) + '.' + title[i] + '\n')
5          file.close()
6          return item
```

第 1 行代码打开一个文本文件"xina.txt"。参数 'w' 表示清空原内容后写入内容，如果换成 'a'，则是在原内容后追加内容。encoding='utf-8' 表示设置编码格式为 UTF-8，防止出现乱码。

第 2 行代码充分体现了实体文件的数据中转站特性。在管道文件中通过 item['title'] 就可以获取实体文件中的相关内容，而且在管道文件中无须写 from xinlang.items import XinlangItem，它会自动和实体文件进行交互。item['title'] 表示从字典 item 中根据键 title 提取对应的值，即 5.3.3 节爬取的新闻标题列表，然后将结果赋给变量 title。

第 3 行代码遍历标题列表 title。

第 4 行代码用 write() 函数将每一条新闻标题写入文本文件。其中的 str(i + 1) 表示序号，因为 range() 函数生成的序号从 0 开始，所以要加 1；title[i] 则为每一条新闻标题；'\n' 表示换行符，用于在每一条新闻标题末尾进行换行。

第 5 行代码用 close() 函数关闭文本文件。

第 6 行代码返回 item，这样会在控制台打印输出结果，以方便查看。

编写完上述代码，还需要激活管道文件，即激活设置文件中的 ITEM_PIPELINES，否则运行代码后不会生成文本文件。❶打开设置文件 "settings.py"，❷然后在第 65 行左右的位置选中如下图所示的代码，按快捷键【Ctrl + /】取消注释。

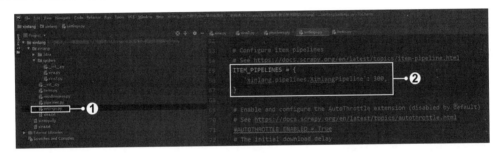

其中的数字 300 表示执行字典 ITEM_PIPELINES 中内容的先后顺序，因为此处只有一条内容，所以也可以换成其他数字，这里不做修改。

在 PyCharm 的终端中执行指令 "scrapy crawl xina2" 来运行爬虫文件，在代码文件所在的文件夹下会生成一个文本文件 "xina.txt"，文件的内容就是爬取的新闻标题，如下图所示。

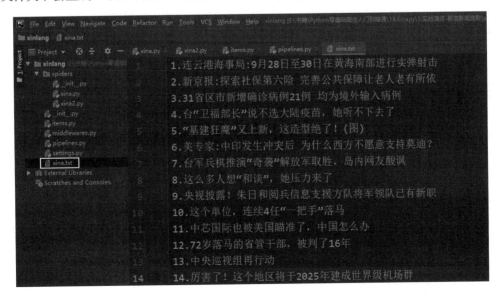

5.4 案例实战 3：豆瓣电影海报图片爬取

在《零基础学 Python 网络爬虫案例实战全流程详解（入门与提高篇）》的 3.8 节曾经用 Requests 库爬取了豆瓣电影 Top 250 排行榜的海报图片，网址为 https://movie.douban.com/top250，页面效果如下图所示。本节将用 Scrapy 框架来完成相同的任务，以帮助读者巩固利用管道文件进行爬后处理的知识。

5.4.1 用常规方法爬取

首先回顾一下用 Requests 库爬取豆瓣电影海报图片的代码，具体如下：

```
1   import requests
2   import re
3   from urllib.request import urlretrieve  # 这里使用较为简洁的urlre-
    trieve()函数来下载图片
4
5   headers = {'User-Agent': 'Mozilla/5.0 (Windows NT 10.0; Win64;
    x64) AppleWebKit/537.36 (KHTML, like Gecko) Chrome/86.0.4240.198
    Safari/537.36'}
6
7   def db(page):
8       # 1. 获取网页源代码
```

```
9    num = (page - 1) * 25  # 页面参数规律是（页码－1）×25
10   url = 'https://movie.douban.com/top250?start=' + str(num)
11   res = requests.get(url, headers=headers).text
12
13   # 2. 用正则表达式提取电影片名和图片网址
14   p_title = '<img width="100" alt="(.*?)"'
15   title = re.findall(p_title, res)
16   p_img = '<img width="100" alt=".*?" src="(.*?)"'
17   img = re.findall(p_img, res)
18
19   # 3. 打印输出电影片名，并下载图片
20   for i in range(len(title)):
21       print(str(i + 1) + '.' + title[i])
22       print(img[i])
23       urlretrieve(img[i], 'images/' + title[i] + '.jpg')  # 需提
         前创建好文件夹"images"
24
25 for i in range(10):  # 爬取10页
26     db(i + 1)  # i是从0开始的序号，要加上1才是页码
27     print('第' + str(i + 1) + '页爬取成功！')
```

5.4.2　用 Scrapy 爬取

回顾完批量爬取图片的常规方法，本节来使用 Scrapy 框架批量爬取图片，并把之前所学的内容串联起来，演示创建一个 Scrapy 爬虫项目的常规流程：设置实体文件（建立要获取的字段）→修改设置文件（设置 Robots 协议和 User-Agent，激活管道文件）→在文件夹"spiders"中编写爬虫逻辑（核心爬虫代码）→设置管道文件（爬后处理）。

首先按照 5.1 节的讲解，新建一个 Scrapy 爬虫项目。如下图所示，在路径栏输入"cmd"后按【Enter】键，进入命令行窗口，输入指令，创建爬虫项目和爬虫文件。注意项目名和爬虫文件名不能一样，这里的项目名为 douban，爬虫文件名为 db。

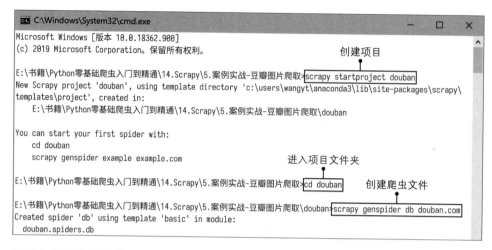

创建完项目和具体的爬虫文件后，开始进行具体的步骤。

1．设置实体文件（建立要获取的字段）

按照 5.3.1 节的讲解，修改实体文件"items.py"，建立相关变量，存储要爬取的数据类型和字段名称。这里有图片网址和电影片名两个字段，分别存入变量 url 和 name，代码如下：

```
1  import scrapy
2  class DoubanItem(scrapy.Item):
3      url = scrapy.Field()  # 图片网址
4      name = scrapy.Field()  # 电影片名
```

2．修改设置文件（设置 Robots 协议和 User-Agent，激活管道文件）

先设置不遵守 Robots 协议，以防止触发可能存在的反爬机制。按照 5.2.1 节的讲解，打开设置文件"settings.py"，在第 20 行左右的位置设置 Robots 协议为 False，代码如下所示。其实对于豆瓣而言，不做修改也能正常爬取，不过为了保险起见，还是建议设置成 False。

```
1  ROBOTSTXT_OBEY = False
```

然后设置 User-Agent，用来模拟浏览器访问。按照 5.2.2 节的讲解，在第 40 行左右的位置，取消字典 DEFAULT_REQUEST_HEADERS 的注释，然后在其中添加 User-Agent，代码如下：

```
1  DEFAULT_REQUEST_HEADERS = {
```

```
2    'Accept': 'text/html,application/xhtml+xml,application/xm-
     l;q=0.9,*/*;q=0.8',
3    'Accept-Language': 'en',
4    'User-Agent': 'Mozilla/5.0 (Windows NT 10.0; Win64; x64) Ap-
     pleWebKit/537.36 (KHTML, like Gecko) Chrome/69.0.3497.100 Sa-
     fari/537.36',
5    }
```

最后按照 5.3.4 节的讲解,在第 65 行左右激活管道文件,方便后续通过管道文件进行爬后处理,代码如下(其实就是取消原有注释):

```
1    ITEM_PIPELINES = {
2        'douban.pipelines.DoubanPipeline': 300,
3    }
```

3．在文件夹"spiders"中编写爬虫逻辑(核心爬虫代码)

完成前面的步骤后,就可以打开文件夹"spiders"中的爬虫文件"db.py",编写核心的爬虫代码了,完整代码如下:

```
1    import scrapy
2    import re
3    from douban.items import DoubanItem   # 导入实体文件
4
5    class DbSpider(scrapy.Spider):
6        name = 'db'  # 爬虫文件名,无须修改
7        allowed_domains = ['douban.com']   # 域名,无须修改
8        start_urls = ['https://movie.douban.com/top250']
9        for i in range(1, 10):    # 这里新增除了首页之外要爬取的网页(即第
         2~10页)
10           start_urls.append('https://movie.douban.com/top250?start='
         + str(i * 25))
11
12       def parse(self, response):
```

```
13        res = response.text   # 获取网页源代码
14        item = DoubanItem()   # 激活实体文件
15
16        # 提取电影片名和图片网址
17        p_title = '<img width="100" alt="(.*?)"'
18        title = re.findall(p_title, res)
19        p_img = '<img width="100" alt=".*?" src="(.*?)"'
20        img = re.findall(p_img, res)
21
22        item['url'] = img   # 图片网址
23        item['name'] = title   # 电影片名
24        yield item   # 如果这个函数之后没有代码，其实也可以用return语句
```

第 8 行代码设置初始网址为 https://movie.douban.com/top250，也就是第 1 页，这里一共要爬取 10 页，于是在第 10 行代码用 append() 函数在列表 start_urls 中添加剩余 9 页的网址，这样每爬取完一个网址，就会自动爬取下一个网址（原来的初始网址爬取完毕后，下一个网址就变成了新的初始网址）。根据页面参数规律（页码－1）×25，第 2、3、…、10 页网址中的 start 参数分别是 1×25、2×25、…、9×25，因此用 range(1, 10) 生成 1～9 的 9 个整数（左闭右开），再通过 str(i * 25) 拼接到网址中。

在 parse() 函数中，首先在第 13 行代码通过 response.text 获取网页源代码，接着在第 14 行代码激活实体文件，然后在第 17～20 行代码用正则表达式提取电影片名和图片网址，最后在第 22 行和第 23 行代码将提取结果传入 item，并在第 24 行代码返回 item。

4. 设置管道文件（爬后处理）

编写完爬虫核心代码后，在管道文件"pipelines.py"中编写爬后处理（即批量下载图片）的代码，具体如下：

```
1   from urllib.request import urlretrieve
2
3   class DoubanPipeline:
4       def process_item(self, item, spider):
5           for i in range(len(item['name'])):
6               print(str(i + 1) + '.' + item['name'][i])
```

```
7          urlretrieve(item['url'][i], 'images/' + item['name']
           [i] + '.jpg')  # 在"pipelines.py"所在的文件夹下提前创建
           好文件夹"images"
8      return item
```

第 1 行代码导入 urlretrieve() 函数，用来下载图片。然后在 process_item() 函数中编写打印输出电影片名并下载图片的代码，其中 item['name'] 是电影片名，item['url'] 是海报图片的网址，每爬取新的一页，都会更新相关内容。注意第 7 行代码在设置图片文件的保存路径时使用的是相对路径，因此需要在 "pipelines.py" 所在的文件夹（即文件夹 "douban"）下提前创建好文件夹 "images"。

在 PyCharm 的终端中执行指令 "scrapy crawl db" 来运行爬虫文件，输出结果如下图所示，可以看到 Scrapy 逐个爬取网址，并打印输出相关电影片名。

打开文件夹 "douban" 下的文件夹 "images"，可看到爬取的电影海报图片，如下图所示。

5.5　知识拓展：Python 类的相关知识

类是 Python 中一个比较高阶的知识点，因为在 Scrapy 框架中有一些应用，所以这里以知识拓展的形式进行讲解。实际上不熟悉类的知识也不太影响 Scrapy 代码的编写，所以本节内容简单了解即可。

5.5.1　类和对象的概念

在学习本节之前，我们编程时使用的方式是面向过程编程，也就是一行一行写代码，偶尔会用函数封装一下，不过代码的逻辑还是非常简单的。而学习类之后，就从面向过程编程进阶到面向对象编程。面向对象编程涉及两个核心概念：类和对象。类是不同对象的统称，而对象则是类的实例。面向对象编程适合专业程序员进行大型项目的开发与维护，因为这样可以把一个个功能模块拆分开来进行开发。

上面的概念讲解可能比较抽象，下面举个例子以方便读者理解。如下图所示，我们可以把"狗"定义为一个类，如 Dog 类，可以看到 Dog 类还是有点抽象的，那么具体的一只只狗则是 Dog 类的实例，也就是所谓的对象。例如，你家养的狗"大黄"就是 Dog 类的一个实例，"大黄"会有 Dog 类的一些共性特点，如腿的数量是 4 等。

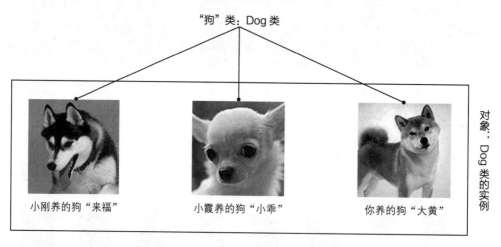

5.5.2　类名、属性和方法

对于类，我们需要了解最核心的 3 个知识点：类名、属性和方法。本节先用一些简单的例子来帮助读者快速理解相关内容，然后在 5.5.3 节进行深入讲解。

1．类名

类名有点类似于函数名，不过其首字母通常大写，并且不加括号。使用 class（首字母小写）语句来声明一个类。例如，声明一个 Dog 类的代码如下：

```
1    class Dog:
```

在这个类下，我们就可以编辑类的属性和方法了。

2．类的属性

类中对对象的特征描述通常可以定义为属性。例如，Dog 类的属性就是对狗的特征描述，包括体重、身高、腿的数量等。下面为 Dog 类添加一个 leg_num 属性，代表"腿的数量"，代码如下：

```
1    class Dog:
2        leg_num = 4
```

3．类的方法

对象具有的行为通常可以定义为方法。方法其实就是函数，不过在类中通常称为方法。例如，对于狗可以定义一个行为：喜欢和人类做朋友。那么在 Dog 类中对应添加一个函数 friend()，代码如下。这里只进行简单演示，将函数的功能定义为打印输出字符串"狗喜欢和人类做朋友"，实际应用中则会定义更复杂的功能，如从网页上爬取数据等。

```
1    class Dog:
2        leg_num = 4
3
4        def friend(self):
5            print('狗喜欢和人类做朋友')
```

此外，在 friend() 函数中传入了一个 self 参数，它表示类的实例，可以暂时不去深究，只需记住在类中定义函数时必须先传入 self 参数，而在调用函数时不需要传入 self 参数，更详细的内容将在 5.5.3 节讲解。

4．类的实例化

定义好类后，在使用类之前需要将其实例化，也就是构造一个实际的对象。例如，我们可以创建一只哈士奇，类的实例化代码如下：

```
1    hsq = Dog()
```

注意在定义类时，Dog 后面没有括号，但在实例化类时需要加括号。

5．调用属性和方法

创建类的实例后，即可通过"实例.属性"和"实例.方法"的方式调用类的属性和方法，代码如下。注意在调用方法时需要加括号。

```
1    print(hsq.leg_num)  # 调用属性
2    hsq.friend()  # 调用方法
```

运行结果如下：

```
1    4
2    狗喜欢和人类做朋友
```

完整代码如下：

```
1    class Dog:  # 声明一个类
2        leg_num = 4  # 定义类的属性
3
4        def friend(self):  # 定义类的方法
5            print('狗喜欢和人类做朋友')
6
7
8    hsq = Dog()  # 创建类的实例
9    print(hsq.leg_num)  # 调用属性，打印输出腿的数量
10   hsq.friend()  # 调用方法，打印输出字符串
```

上面的例子比较简单，而实际应用中类的使用要复杂得多，将在 5.5.3 节讲解。

5.5.3　类的进阶知识

本节要讲解类的一些进阶知识，包括 self 参数的相关知识和类的初始化方法。

1．self 参数的相关知识

前面在类中定义方法（或者说函数）时传入了一个 self 参数，那么这个 self 参数有什么含义？是否可以不写 self 参数？是否一定要写成 self 呢？下面分别进行解答。

（1）self 参数的含义

self 参数代表类的实例。例如，当用 hsq = Dog() 创建了类的实例时，self 就代表 hsq，通过它可以调用该实例的各种属性和方法。演示代码如下：

```
1   class Dog:
2       leg_num = 4
3
4       def leg(self):
5           print('狗腿数量为：' + str(self.leg_num))
6
7   hsq = Dog()  # 创建类的实例
8   hsq.leg()  # 调用leg()方法，其功能为打印输出狗腿数量
```

在第 5 行代码中通过 self.leg_num 调用了 leg_num 属性。这里因为 leg_num 属性是数字，所以在拼接字符串时需要用 str() 函数进行转换。

运行结果如下：

```
1   狗腿数量为：4
```

因为 self 参数代表实例本身，所以在调用方法时并不需要传入该参数。例如，上面的第 8 行代码中直接写 hsq.leg() 即可。

其实 hsq.leg() 也可以换一种写法，即 Dog.leg(hsq)，运行后同样可以打印输出"狗腿数量为：4"，这也说明了为什么 self 参数代表的是类的实例，即 hsq。

（2）是否可以不写 self 参数

答案为"否"。例如，在定义方法时故意不传入 self 参数，代码如下：

```
1  class Dog:
2      leg_num = 4
3
4      def leg():
5          print('狗腿数量为: ' + str(leg_num))
6
7  hsq = Dog()  # 创建类的实例
8  hsq.leg()  # 调用leg()方法，其功能为打印输出狗腿数量
```

乍一看好像没什么问题，但运行时会提示如下报错信息：

```
1  TypeError: leg() takes 0 positional arguments but 1 was given
```

这行信息的意思是：leg() 函数在定义时没有参数，但运行时又强行传了一个参数，从而导致报错。然而在第 8 行代码中并没有传入参数，强行传入的参数又是从哪里来的呢？这是因为 hsq.leg() 等同于 Dog.leg(hsq)，所以 hsq.leg() 看起来没有传入参数，但实际上传入了一个参数 hsq，从而导致报错。

如果不理解上述内容也没关系，我们只需要记住在类里定义方法（函数）时一定要首先传入一个 self 参数。其实在 PyCharm 中编写代码时，如果不写 self 参数，PyCharm 也会自动提示代码有误。

（3）是否一定要写成 self

答案为"否"。函数中的参数只是代号，可以换成其他名称，只要在之后的功能代码中保持一致就行。例如，把 self 换成 hhh，代码如下：

```
1  class Dog:
2      leg_num = 4
3
4      def leg(hhh):
5          print('狗腿数量为: ' + str(hhh.leg_num))
6
7  hsq = Dog()  # 创建类的实例
8  hsq.leg()  # 调用leg()方法，其功能为打印输出狗腿数量
```

运行结果和之前相同，证明了函数的参数只是一个代号，可以自由定义。但 self 是一个

约定俗成的写法，通常不建议使用其他名称。

2．初始化方法

前面在 Dog 类中定义了 leg_num 属性，代表"腿的数量"，并将其值设置为 4。这个属性是所有狗的共同特征，因而可以设置成固定值。但是对于其他属性，如体重、身高，其值是变化的，就不能在定义类时设置为固定值，而是需要在创建类的实例时再传入具体的值。要达到这个目的，需要在类中定义一个初始化方法（或者叫初始化函数），初始化方法的名称规定为 __init__（"init" 的前后各是两条下划线）。演示代码如下：

```
class Dog:
    def __init__(self, weight, height):
        self.weight = weight
        self.height = height
        self.leg_num = 4
```

第 2 行代码，在初始化方法中除了传入规定的 self 参数，还传入了 weight 和 height 参数，分别表示体重和身高，之后在创建类的实例时就需要传入这两个参数的值。对于值固定不变的 leg_num 属性，也可以在初始化方法中定义（第 5 行代码）。

定义完类和初始化方法后，通过如下代码创建类的实例并调用类的属性：

```
hsq = Dog(10, 50)   # 创建类的实例，并传入体重和身高值
print(hsq.leg_num)  # 打印输出腿的数量
print(hsq.weight)   # 打印输出体重
print(hsq.height)   # 打印输出身高
```

因为在定义初始化方法时传入了 weight 和 height 这两个参数，所以在通过 Dog() 创建类的实例时，也需要传入这两个参数的值。这就如同定义了一个函数 y(x) = x + 1，调用时不能直接写 y()，而需要写 y(1)。运行结果如下：

```
4
10
50
```

除了本节的内容，类的进阶知识还包含类的继承等，因为在爬虫领域暂时用不到，故不

进行讲解，感兴趣的读者可以自行查阅其他资料。

至此，Scrapy 爬虫框架的基本使用方法就讲解完毕了。第 6 章将讲解 Scrapy 框架中的中间件文件设置，以及如何在 Scrapy 框架中应对反爬机制。

课后习题

1. Scrapy 有哪些基础组件？它们分别有什么作用？

2. 简述 Scrapy 的架构图。

3. 列举 Scrapy 常用的基本指令，并简述每个指令的基本功能。

4. 简述 Scrapy 的常用设置项目。

5. 参考 5.3 节和 5.4 节，用 Scrapy 批量爬取在百度新闻中搜索"阿里巴巴"得到的前 10 页搜索结果的新闻标题，并保存为文本文件。

第6章
Scrapy 应对反爬

本章要讲解 Scrapy 的中间件技术，以及如何通过 Scrapy 应对一些反爬机制。例如，通过 Scrapy 结合 IP 代理应对 IP 反爬机制，通过 Scrapy 结合 Selenium 库应对动态渲染反爬机制。为获得更好的学习效果，在阅读本章之前，读者需确保自己已经熟练掌握了第 5 章的内容。

6.1 中间件技术概述

中间件是介入到 Scrapy 的爬虫处理机制的代码文件，用户可以通过添加代码来处理发送给爬虫的响应（Response）及爬虫产生的实体（Item）和请求（Request）。使用中间件可以在爬虫的请求发起之前或者请求返回之后对数据进行定制化修改，从而开发出适应不同情况的爬虫。

在 Scrapy 中有两种中间件：下载器中间件（Downloader Middleware），用得较多，常用来应对反爬机制；爬虫中间件（Spider Middleware），用得相对较少，常用来处理请求异常，简单了解即可。

虽然中间件有两种，但在目前的 Scrapy 框架中，其代码都位于一个 Python 文件中，即项目文件夹内的文件 "middlewares.py" 中，如下图所示。下载器中间件和爬虫中间件就是这个文件中的两个类（如果需要也可以自定义额外的类），类名中的 Demo 为项目名，随项目名的不同而变化，类名中含有 SpiderMiddleware 的对应爬虫中间件，类名中含有 DownloaderMiddleware 的对应下载器中间件。之后的项目实战就是编写这两个类里的代码（主要是下载器中间件）。

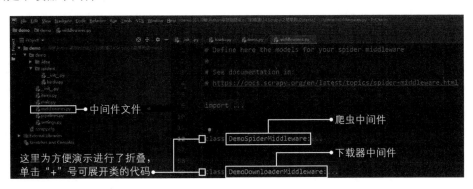

6.1.1 下载器中间件

Scrapy 的官方文档对下载器中间件的定义为：下载器中间件是用于全局修改 Scrapy 的请求（Request）和响应（Response）的一个轻量、底层的系统。通俗来讲，通过下载器中间件可以设置 IP 代理、设置 Cookie、设置 Selenium 库爬虫模式等。

如下图所示，使用下载器中间件相当于在发送请求和获取响应时，在中间添加了一些内容或进行了一些额外处理。

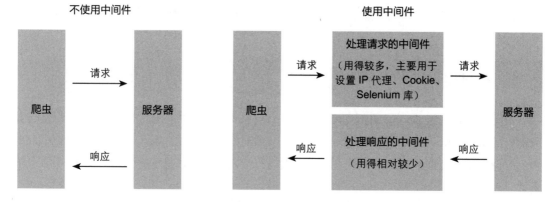

要在代码中激活下载器中间件，需修改爬虫项目的设置文件 "settings.py"，将如下 3 行代码（在第 55 行左右的位置）取消注释：

```
1  DOWNLOADER_MIDDLEWARES = {
2      'demo.middlewares.DemoDownloaderMiddleware': 543,
3  }
```

数字 543 是表示执行顺序的标号，假设字典 DOWNLOADER_MIDDLEWARES 里还有一条内容 'xxx': 544，那么标号 543 的内容会先于标号 544 的内容执行。

6.1.2 爬虫中间件

爬虫中间件用得相对较少。与下载器中间件处理请求和返回响应不同，爬虫中间件主要处理网址和文件夹 "spiders" 中的爬虫文件，通常用来处理异常报错（笔者建议爬虫项目上线前尽量把报错问题处理好，或者用 try/except 语句避免异常报错）。

默认的爬虫中间件示例如下，不过很少使用，了解即可，这里的数字 50、500、800 也是表示各个中间件的执行顺序。

```
1    #Default
2    ['scrapy.spidermiddlewares.httperror.HttpErrorMiddleware':50,  # 网
     络报错中间件
3     'scrapy.spidermiddlewares.offsite.OffsiteMiddleware':500,   # 不允
     许访问的域中间件
4     'scrapy.spidermiddlewares.urllength.UrlLengthMiddleware':800,  # 网
     址长度限制中间件
```

在爬虫项目的设置文件"settings.py"内将下面 3 行代码取消注释，即可启用爬虫中间件：

```
1    SPIDER_MIDDLEWARES = {
2        'demo.middlewares.DemoSpiderMiddleware': 543,
3    }
```

简单了解完中间件技术，下面通过实战演练来学习如何借助中间件技术（主要是下载器中间件）应对各种网站反爬机制。

6.2　Scrapy + IP 代理：爬取搜狗图片

许多网站通过检验一个 IP 地址是否存在异常行为来进行反爬，所以爬虫项目需要在爬取过程中通过 IP 代理技术适时更换发送请求的 IP 地址，以避免被反爬机制所识别。本节要结合使用 Scrapy 和 IP 代理批量下载用搜狗图片（https://pic.sogou.com）搜索到的图片。在搜狗图片中搜索关键词"壁纸"作为演示，网址为 https://pic.sogou.com/pics?query=壁纸，页面效果如下图所示。关于 IP 代理的基础知识，可以参考《零基础学 Python 网络爬虫案例实战全流程详解（入门与提高篇）》的第 8 章。

6.2.1 用 Requests 库批量下载图片

这里首先介绍一下如何使用常规的 Requests 库来自动批量爬取搜狗图片，为之后通过 Scrapy 爬取作铺垫。搜狗图片的爬取有一些难度，主要体现在 4 个方面：

❶网页是用 Ajax 动态请求（参见第 3 章）渲染过的，即通过向下滚动页面才会刷新内容，且刷新后的网址没有变化，需要通过分析 Ajax 动态请求找到真正的网址；

❷获取的数据是 JSON 格式的，提取稍微有些难度，具体方法可以参考本节的"补充知识点"；

❸在不添加 User-Agent（用户代理）的情况下很容易触发反爬机制，尤其是在下载图片时需要加上 User-Agent 参数；

❹搜狗的相关网址都启用了 IP 反爬机制，如果同一个 IP 地址爬取次数太多，搜狗就会封锁该 IP 地址，需要用 IP 代理来应对 IP 反爬机制。

1．分析 Ajax 动态请求找到真正的网址

搜狗图片页面中的图片不是一次性全部加载，而是通过 Ajax 请求动态加载，这样避免了因网页过于臃肿而影响加载速度。下面按照第 3 章讲解的方法，通过分析 Ajax 动态请求找到真正的网址。

如下图所示，打开开发者工具，❶切换至"Network"选项卡，❷单击"XHR"按钮筛选请求条目，❸然后向下滚动页面以加载新内容，可以看到相关的 Ajax 请求，这里加上初始刷新和向下滚动刷新一共加载了 3 次新内容，所以共有 3 次 Ajax 请求，❹选中某一条 Ajax 请求，❺在右侧"Headers"选项卡下查看"General"栏目中的"Request URL"参数，其值就是实际请求的网址（即刷新出来的内容）。

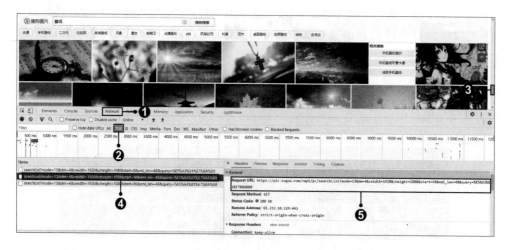

分析上图中的 3 次 Ajax 请求（可以视为 3 个页面），对应的实际网址如下：

网址 1：https://pic.sogou.com/napi/pc/searchList?mode=13&dm=4&cwidth=1920&cheight=
1080&start=0&xml_len=48&query=%E5%A3%81%E7%BA%B8

网址 2：https://pic.sogou.com/napi/pc/searchList?mode=13&dm=4&cwidth=1920&cheight=
1080&start=48&xml_len=48&query=%E5%A3%81%E7%BA%B8

网址 3：https://pic.sogou.com/napi/pc/searchList?mode=13&dm=4&cwidth=1920&cheight=
1080&start=96&xml_len=48&query=%E5%A3%81%E7%BA%B8

通过观察可以发现，不同页面网址的主要区别是 start 参数不同：第 1 个 start 参数为 0，
第 2 个为 48，第 3 个为 96。由此总结出不同页面对应的 start 参数为（页数－1）×48，其中
的 48 表示每个页面显示 48 张图片。

此外，query 参数的值 "%E5%A3%81%E7%BA%B8" 是 "壁纸" 经过浏览器 "翻译" 的
结果，可以直接将其改成 "壁纸"，不会影响访问。

其他参数其实都不是必需的，例如 cwidth 表示图片宽度，cheight 表示图片高度等，如果
删去这些参数就没有宽高限制，但是不影响图片爬取。

这里保留相关参数，最终网址规律如下：

https://pic.sogou.com/napi/pc/searchList?mode=13&dm=4&cwidth=1920&cheight=1080&start
=((页数 － 1)*48)&xml_len=48&query=壁纸

根据上述规律，在编写代码时就可以构造如下网址，这里为了方便拼接字符串，把 start
参数放在最后。

```
url = 'https://pic.sogou.com/napi/pc/searchList?mode=13&dm=4&cwidth
=1920&cheight=1080&xml_len=48&query=壁纸&start=' + str((页数-1)*48)
```

2. 解析 JSON 格式数据

在浏览器中打开某一个 Ajax 请求的实际网址，如 https://pic.sogou.com/napi/pc/searchList?
mode=13&dm=4&cwidth=1920&cheight=1080&start=0&xml_len=48&query=壁纸，显示的内容
如下图所示，这些内容实际上是 JSON 格式的数据。为了更好地查看和分析 JSON 格式数据，
这里在谷歌浏览器中安装了插件 JSONView，以便对不同层次的数据进行折叠和展开。

JSON 格式数据可以理解为字典和列表的组合，调用方法与字典和列表类似。这里的
JSON 格式数据就是一个大字典，其中所有图片信息都存储在 data 键下的 items 键下。items
键所对应的值是一个大列表（items 前面的 "–" 号是 JSONView 中用于折叠内容的按钮图标，
并不是数据的内容），大列表里又用一个个字典存储着一张张图片的信息，每个字典中的 title

键对应图片名称，picUrl 键对应图片网址。

通过 Requests 库请求该网址，并通过 json 库将网络响应转换为 JSON 格式数据，代码如下：

```
1  import requests
2  import json
3  headers = {'User-Agent': 'Mozilla/5.0 (Windows NT 10.0; Win64;
   x64) AppleWebKit/537.36 (KHTML, like Gecko) Chrome/85.0.4183.121
   Safari/537.36'}
4  url = 'https://pic.sogou.com/napi/pc/searchList?mode=13&dm=4&cwidth
   =1920&cheight=1080&start=0&xml_len=48&query=壁纸'
5  res = requests.get(url, headers=headers)
6  data = res.text
7  js = json.loads(data)
```

注意在通过 Requests 库爬取时需要用 headers 参数添加 User-Agent，模拟浏览器访问网址，否则很容易触发搜狗的反爬机制。

此外，第 6 行和第 7 行代码先通过 res.text 获取响应 res 中的文本数据，再用 json 库中的 loads() 函数将文本数据转换为 Python 对象。其实对于 Requests 库获取的响应 res，还可以直接用 Requests 库中的 json() 函数来转换，代码如下：

```
1  js = res.json()
```

将 js 打印输出，结果如下图所示，其结构和在浏览器中看到的一致。

{'status': 0,
 'info': 'ok',
 'data': {'totalNum': 336,
  'painter_doc_count': 0,
  'video': '',
  'adPic': '[{"index":0,"docId":"61782be166c826c8-653ea5468e5789eb-e8f229deb75496e1fd6b1b561af4561c","mfid":"2b5d768050b43017","thumbWidth":191,"thumbHeight":341},{"index":1,"docId":"abe1eea3ca79fc28-c577ebdcb0f3dbcc-d6c7d7c5bb0e50b67648d11763421a4e","mfid":"cf758de806b97ae3","thumbWidth":192,"thumbHeight":341},{"index":2,"docId":"ca86e620b9e623ff-d03a6a7bc8900b6b-929d6d4d329031c3db445584b5e87c4e","mfid":"096dd178771fc2d9","thumbWidth":192,"thumbHeight":341},{"index":3,"docId":"6877dc5ab1b84928-d629ff1a9fe18cf0-75ae8f4e56c5fe6afe6180bdfc51a7e5","mfid":"c48bdfccd225dedf","thumbWidth":174,"thumbHeight":376},{"index":4,"docId":"b2e12f49fbf34498-f82f64813d2835fb-7b264f647227f0d7402c47060cb3dde9","mfid":"8eca7167621940dc","thumbWidth":191,"thumbHeight":341},{"index":5,"docId":"6877dc5ab1b84928-d629ff1a9fe18cf0-0cdfe7f59c9964c02c699dc4661d9e6b","mfid":"427275911d2d47db","thumbWidth":177,"thumbHeight":369}]',
  'groupPic': None,
  'queryCorrection': '',
  'isQcResult': '0',
  'tag': '[["动漫","a4883983"], ["手机壁纸","9a3679bb"], ["二次元","31edb1d9"], ["扣扣网","763861ea"], ["高清壁纸","4d973bbb"], ["风景","02bd1d75"], ["星空","a88b78d2"], ["海战王","ec6a7ef1"], ["p站","8c723435"], ["动漫壁纸","c2ee754e"], ["机械纪元","62c5118c"], ["抖音","a043c41c"], ["尼尔","b327d0aa"], ["桌面壁纸","ffc78b95"], ["竖屏壁纸","b4df8cfe"], ["绿色","490db556"], ["金克丝","67be6441"]]',
  'shopQuery': False,
  'items': [{'index': 0,
    'docId': '61782be166c826c8-653ea5468e5789eb-579a90e64c3cdf8810e1d16eaf3c783d',
    'name': '57077fb1b1821.jpg',
    'type': '.jpg',
    'height': 1200,
    'width': 1920,
    'size': '1327975',
    'title': '西藏南迦巴瓦峰图片',
    'link': 'http://pic.sogou.com/d?query=%B1%DA%D6%BD&mode=13&mood=0&did=1&dm=4&phd=61782be166c826c8-653ea5468e5789eb-579a90e64c3cdf8810e1d16eaf3c783d',
    'url': 'http://www.sonhoo.com/baoxian/shpc-2a74Mv7sioLvg13.html',
    'picUrl': 'http://pic1.win4000.com/wallpaper/1/57077fb1b1821.jpg',

下面通过 for 循环语句从上述 JSON 格式数据中提取每一张图片的名称和网址，代码如下：

```
1  for i in js['data']['items']:
2      title = i['title']
3      img_url = i['picUrl']
4      print(title)
5      print(img_url)
```

第 1 行代码中的 js['data']['items'] 表示提取 data 键所对应的值中的 items 键所对应的值，根据前面的分析，js['data']['items'] 提取到的是一个大列表，那么 i 就表示这个大列表中的元素，即以字典形式存储的每张图片的信息。然后第 2 行代码通过 i['title'] 提取图片名称，第 3 行代码通过 i['picUrl'] 提取图片网址。运行后，打印输出结果如下（部分内容从略）：

```
1  西藏南迦巴瓦峰图片
2  http://pic1.win4000.com/wallpaper/1/57077fb1b1821.jpg
3  720高清自然风景壁纸
4  http://www.windows7en.com/uploads/140829/2009120309142160.jpg
5  英雄联盟中国风水墨壁纸
6  http://pic.3h3.com/up/2015-5/20155530300921354568.jpg
7  动物壁纸>海豚微笑图片大全高清电脑壁纸
```

```
8   http://pic1.win4000.com/wallpaper/5/582ac81e139d7.jpg
9   质感material设计高清宽屏桌面壁纸 设计创意 壁纸下载 美桌网
10  http://pic1.win4000.com/wallpaper/2017-10-13/59e0644a3a25e.jpg
11  精美高清cg壁纸周末大放送图片欣赏,最新高清壁纸大全
12  http://b.zol-img.com.cn/soft/5/493/ceNcIqcSrEEgE.jpg
13  背景图片梦幻 简约白色雪花桌面高清桌面壁纸 梦幻雪花背景图片
14  http://pic1.win4000.com/wallpaper/8/57a7ef47dd457.jpg
15  …………
```

补充知识点：JSON 格式数据

JSON 的全称是 JavaScript Object Notation（JavaScript 对象标记），它是一种轻量级的数据交换格式，构造简洁，结构化程度高。

（1）对象和数组

JSON 支持的数据类型有字符串、数字、对象、数组等，其中对象和数组是比较特殊且常用的两种类型。

对象是由"{ }"定义的键值对结构，如 {key1: value1, key2: value2, …, keyN: valueN}，key 为属性，value 为属性对应的值。key 可以为整数或字符串，value 可以是 JSON 支持的任意类型。

数组是由"[ ]"定义的索引结构，如 ["java", "javascript", "vb"…]，数组中的值可以是 JSON 支持的任意类型。

一个 JSON 格式数据的示例如下，可以看出，它是一个包含两个对象的数组。

```
1   [{
2       "名称": "百度",
3       "网址": "www.baidu.com",
4       "类型": "搜索引擎"
5   }, {
6       "名称": "新浪微博",
7       "网址": "www.weibo.com",
8       "类型": "社交平台"
9   }]
```

爬虫中遇到的 JSON 格式数据常常是像上面的例子那样由对象和数组嵌套组合而成。我们可以将数组理解为 Python 的列表，将对象理解为 Python 的字典，那么上面的例子就可以视为一个含有两个字典的大列表。

我们可以使用 Python 内置的 json 库对 JSON 格式数据进行操作。常用的函数有两个：loads() 函数，用于解析 JSON 格式的字符串并转换为 Python 对象（如字典、列表等）；dumps() 函数，用于解析 Python 对象（如字典、列表等）并转换为 JSON 格式的字符串。下面分别讲解这两个函数的用法。

（2）JSON 格式字符串的读取

这里用前面的例子讲解如何用 loads() 函数读取 JSON 格式的字符串并转换为 Python 对象，代码如下：

```
import json
a = '''
[{
    "名称": "百度",
    "网址": "www.baidu.com",
    "类型": "搜索引擎"
}, {
    "名称": "新浪微博",
    "网址": "www.weibo.com",
    "类型": "社交平台"
}]
'''
print(type(a))
result = json.loads(a)
print(result)
print(type(result))
```

第 1 行代码导入 json 库。第 2～12 行代码定义了一个 JSON 格式的字符串，赋给变量 a。第 13 行代码打印输出变量 a 的数据类型。第 14 行代码用 json 库中的 loads() 函数将变量 a 转换为 Python 对象，并赋给变量 result。第 15 行和第 16 行代码分别打印输出变量 result 的内容和数据类型。运行结果如下：

```
1   <class 'str'>
2   [{'名称': '百度', '网址': 'www.baidu.com', '类型': '搜索引擎'},
    {'名称': '新浪微博', '网址': 'www.weibo.com', '类型': '社交平
    台'}]
3   <class 'list'>
```

可以看到，转换得到的 Python 对象是一个列表，其中嵌套着两个字典，它和原字符串在形式上一致，但在数据类型上已经不同。对于转换得到的 Python 对象，我们可以使用 Python 的语法来提取其中的内容。例如，要提取列表中第 1 个字典的"类型"键对应的值，可以使用如下两种方法：

```
1   result[0]['类型']
2   result[0].get('类型')
```

两种方法都是先用 [0] 提取第 1 个字典，区别在于指定键名的方式：第 1 种方法通过"[]"指定键名来提取对应的值；第 2 种方法则是用 get() 函数指定键名来提取对应的值。建议使用第 2 种方法，因为如果传入的键名不存在，那么第 1 种方法会报错，而第 2 种方法不会报错，而是返回 None。此外，get() 函数还可以传入第 2 个参数，用于在指定键对应的值不存在时返回一个默认值。演示代码如下：

```
1   result[0].get('成立时间')
2   result[0].get('成立时间', '2000年')
```

对于第 1 行代码，因为数据中没有名为"成立时间"的键，所以会返回 None。对于第 2 行代码，加入第 2 个参数后，如果传入的键名不存在，则会返回默认值"2000 年"。打印输出结果如下：

```
1   None
2   2000年
```

（3）JSON 格式字符串的输出

下面使用json库中的dumps()函数将前面的变量result重新转换为JSON格式字符串，代码如下：

```
1  str2 = json.dumps(result, indent=2, ensure_ascii=False)
2  print(type(str2))
3  print(str2)
```

dumps() 函数的参数 indent 代表缩进量的大小（字符个数），可以通过指定 indent=2 来保留 JSON 格式。此外，因为例子中的数据包含中文字符，所以还需要指定参数 ensure_ascii 为 False。打印输出结果如下：

```
1  <class 'str'>
2  [
3    {
4      "名称": "百度",
5      "网址": "www.baidu.com",
6      "类型": "搜索引擎"
7    },
8    {
9      "名称": "新浪微博",
10     "网址": "www.weibo.com",
11     "类型": "社交平台"
12   }
13  ]
```

3．批量下载图片

有了图片名称和图片网址后，就可以通过 Requests 库批量下载图片了，代码如下：

```
1  for i in js['data']['items']:
2      title = i['title']
3      img_url = i['picUrl']
4      title = title.replace(' > ', '')  # 清除图片名称中的特殊符号
5
6      # 下载图片
7      path = 'images\\' + title + '.png'  # 需提前创建文件夹"images"
```

```
8       res = requests.get(img_url, headers=headers)
9       file = open(path, 'wb')  # 注意要以二进制模式打开
10      file.write(res.content)
11      file.close()
12
13      print(title + '下载完毕')
14      time.sleep(1)
```

这里有几点需要注意：

❶第 4 行代码用 replace() 函数清除图片名称中的一些特殊符号，因为后面要用图片名称作为图片的文件名，而这些特殊符号是不能在文件名中使用的，读者如果遇到其他特殊符号也可用类似方法清除。

❷第 7 行代码，设置图片文件的保存路径时使用的是相对路径，即在代码文件所在文件夹下的文件夹"images"中保存下载的图片，文件夹"images"需要提前创建好。读者也可以改为其他相对路径或绝对路径，相关知识见 2.1.2 节的"补充知识点"。

❸第 8 行代码，用 get() 函数请求图片网址时一定要加上 headers 参数，否则很容易触发搜狗的反爬机制。

❹第 9 行代码，用 open() 函数打开图片文件时，需要使用二进制模式 'wb'。

❺第 14 行代码用 time 库的 sleep() 函数在每下载完一张图片后等待 1 秒，以防止因爬取太快而触发搜狗的反爬机制。

运行代码后，在指定文件夹中可以看到下载的图片，如下图所示。

此时的完整代码如下：

```
1   import requests
2   import json
3   import time
4   headers = {'User-Agent': 'Mozilla/5.0 (Windows NT 10.0; Win64;
    x64) AppleWebKit/537.36 (KHTML, like Gecko) Chrome/85.0.4183.121
    Safari/537.36'}
5   url = 'https://pic.sogou.com/napi/pc/searchList?mode=13&dm=4&cwidth
    =1920&cheight=1080&start=0&xml_len=48&query=壁纸'
6   res = requests.get(url, headers=headers)
7   data = res.text
8   js = json.loads(data)  # 也可以直接写js = res.json()
9
10  for i in js['data']['items']:
11      title = i['title']
12      img_url = i['picUrl']
13      title = title.replace(' > ', '')   # 清除图片名称中的特殊符号
14
15      path = 'images\\' + title + '.png'  # 需提前创建文件夹 "images"
16      res = requests.get(img_url, headers=headers)
17      file = open(path, 'wb')  # 注意要以二进制模式打开
18      file.write(res.content)
19      file.close()
20
21      print(title + '下载完毕')
22      time.sleep(1)
```

用上述代码爬取一定数量的图片后，可能会出现如下报错提示，原因是爬取过于频繁导致 IP 地址被封，后面会使用 IP 代理来解决这个问题。

```
1   ConnectionError: ('Connection aborted.', ConnectionResetError
    (10054, '远程主机强迫关闭了一个现有的连接。', None, 10054, None))
```

> **补充知识点：用 urlretrieve() 函数下载图片时如何添加 headers**
>
> 之前还讲过一个下载图片的 urlretrieve() 函数。这里如果要使用这个函数下载图片，添加 headers 参数的方法比 Requests 库略微复杂，因此简单了解即可。代码如下：
>
> ```python
> 1  import urllib.request  # 导入urllib库的request模块，和Requests库
>    没有关系，主要是为了添加headers
> 2  opener = urllib.request.build_opener()
> 3  opener.addheaders = [('User-agent', 'Mozilla/5.0 (Windows NT
>    10.0; Win64; x64) AppleWebKit/537.36 (KHTML, like Gecko)
>    Chrome/85.0.4183.121 Safari/537.36')]
> 4  urllib.request.install_opener(opener)
> 5  urllib.request.urlretrieve(图片网址, 图片保存路径)
> ```

4. 添加 IP 代理爬取图片

这里使用从 IP 代理服务商"讯代理"购买的 IP 代理地址，代码如下，注意 API 链接每次提取一个 IP 代理地址即可：

```python
1  proxy = requests.get('讯代理API链接').text
2  proxy = proxy.strip()  # 清除换行符等空白字符
3  proxies = {'http': 'http://' + proxy, 'https': 'https://' + proxy}
```

然后在下载图片时加上 proxies 参数，代码如下：

```python
1  res = requests.get(img_url, headers=headers, proxies=proxies)
```

上述代码都需要写在 for i in js['data']['items'] 循环中，每次爬取完需要用 time.sleep(5) 等待 5 秒，因为"讯代理"规定提取 IP 代理地址的时间间隔不能短于 5 秒。如果爬取量大，可以按时间购买 IP 代理地址，或者搭建智能 IP 切换系统。

5. 批量爬取多页图片

之前的代码只爬取了一页图片，现在利用第 1 步中总结的不同页面的网址规律，通过 for 循环语句实现批量爬取，完整代码如下：

```
1    import requests
2    import json
3    import time
4    headers = {'User-Agent': 'Mozilla/5.0 (Windows NT 10.0; Win64;
     x64) AppleWebKit/537.36 (KHTML, like Gecko) Chrome/85.0.4183.121
     Safari/537.36'}
5    pages = 3    # 要爬取的页数，可根据需求修改
6    for i in range(pages):
7        url = 'https://pic.sogou.com/napi/pc/searchList?mode=13&dm=4&
         cwidth=1920&cheight=1080&xml_len=48&query=壁纸&start=' + str(i
         * 48)    # 因为i是从0开始的序号，所以这里不需要再减1
8        res = requests.get(url, headers=headers)
9        data = res.text
10       js = json.loads(data)
11       for i in js['data']['items']:
12           title = i['title']
13           img_url = i['picUrl']
14           title = title.replace(' > ', '')    # 清除图片名称中的特殊符号
15
16           # 添加IP代理应对IP反爬
17           proxy = requests.get('讯代理API链接').text
18           proxy = proxy.strip()    # 清除换行符等空白字符
19           proxies = {'http': 'http://' + proxy, 'https': 'https://'
             + proxy}
20
21           # 开始下载图片
22           path = 'images\\' + title + '.png'    # 需提前创建文件夹"im-
             ages"
23           res = requests.get(img_url, headers=headers, proxies=
             proxies)    # 如果不想使用IP代理，则删除proxies=proxies
24           file = open(path, 'wb')    # 注意要以二进制模式打开
25           file.write(res.content)
26           file.close()
```

```
27
28          print(title + '下载完毕')
29          time.sleep(5)   # 将等待时间变为5秒，防止提取IP代理地址频率过高
```

6.2.2　用 Scrapy 框架批量下载图片

理解 6.2.1 节的代码后，用 Scrapy 框架来下载图片就相对简单多了。这里主要讲解一下如何在 Scrapy 的爬虫项目中添加 IP 代理。

1．创建爬虫项目

在指定文件夹的路径栏中输入"cmd"，按【Enter】键，打开命令行窗口，输入相关指令，新建一个爬虫项目，项目名为 ip，爬虫文件名为 sogou，如下图所示。

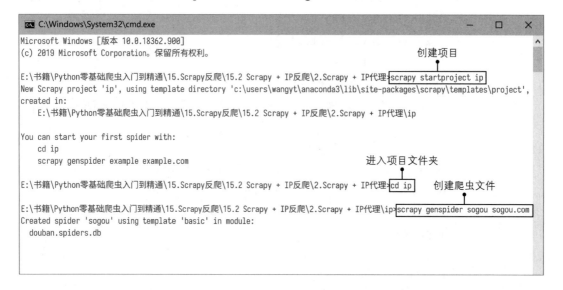

2．添加 IP 代理

创建好项目后，接着在项目中添加 IP 代理。如下图所示，在 PyCharm 中打开项目，打开项目的中间件文件"middlewares.py"，找到下载器中间件类 IpDownloaderMiddleware 下的 process_request() 方法，这个方法（或者叫函数）就是用于在处理请求时添加额外的内容，如 IP 代理或 Cookie 等。

通过为 process_request() 方法编写如下代码，即可在每次访问网址时加上 IP 代理：

```
1  def process_request(self, request, spider):
2      proxy = requests.get('讯代理API链接').text
3      proxy = proxy.strip()  # 清除换行符等空白字符
4      proxies = 'http://' + proxy  # 注意这一行代码和6.2.1节不同
5      print('提取IP为' + proxy)
6      request.meta['proxy'] = proxies  # 核心代码
7      time.sleep(5)  # 等待5秒，防止提取过快
```

其中的核心要点是第 6 行代码，这便是 Scrapy 框架中将 IP 代理地址添加到每次请求中的写法。此外，在该代码文件的开头要用 import requests 和 import time 导入相关库。注意，第 4 行代码和 6.2.1 节中的不同，这里不是构造一个字典，而是通过字符串拼接出一个完整的 IP 代理地址。

如果不想添加 IP 代理或者还没有购买 IP 代理，只想直接测试一下用 Scrapy 爬取搜狗图片，可以把 process_request() 方法的代码内容改成 pass。

3. 编写爬虫文件

设置好 IP 代理后，就可以来编写文件夹 "spiders" 中的爬虫文件 "sogou.py" 了，代码如下：

```
1  import scrapy
2  import json
3  import requests
4  import time
```

```
5   headers = {'User-Agent': 'Mozilla/5.0 (Windows NT 10.0; Win64;
    x64) AppleWebKit/537.36 (KHTML, like Gecko) Chrome/85.0.4183.121
    Safari/537.36'}

6

7

8   class SogouSpider(scrapy.Spider):
9       name = 'sogou'
10      allowed_domains = ['sogou.com']
11      start_urls = ['http://sogou.com/']
12      for i in range(3):  # 要爬取的页数，可根据需求修改
13          start_urls.append('https://pic.sogou.com/napi/pc/searchList
                ?mode=13&dm=4&cwidth=1920&cheight=1080&xml_len=48&query=壁
                纸&start=' + str(i * 48))

14

15      def parse(self, response):
16          data = response.text
17          js = json.loads(data)

18

19          for i in js['data']['items']:
20              title = i['title']
21              img_url = i['picUrl']
22              title = title.replace(' > ', '')   # 清除图片名称中的特殊
                    符号

23

24              path = 'images\\' + title + '.png'   # 需提前创建文件夹
                    "images"
25              res = requests.get(img_url, headers=headers)
26              file = open(path, 'wb')   # 注意要以二进制模式写入
27              file.write(res.content)
28              file.close()

29

30              print(title + '下载完毕')
31              time.sleep(1)
```

大部分代码都在 6.2.1 节讲过，处理多页爬取的方法也和 5.4 节类似，核心代码为第 12 行和第 13 行，通过 start_urls.append(新网址) 的方式，添加需要爬取的多页网址。第 15～31 行代码和之前的代码相比只有两点需要注意：

❶第 16 行代码是通过 response.text 获取网页源代码（response 为 Scrapy 框架中请求网址后返回的响应）。

❷第 24 行代码中需要提前创建的文件夹"images"不是位于"sogou.py"所在的文件夹，而要位于文件夹"spiders"所在的文件夹，如下图所示。因为在 Scrapy 爬虫项目中，文件夹"spiders"算是一个单独的组件，所以相对路径也是相对它而言的。

4．修改设置文件

编写完代码后，修改设置文件"settings.py"。首先按照 5.2 节讲解的方法，在第 20 行左右的位置修改如下代码，设置不遵守 Robots 协议。

```
1    ROBOTSTXT_OBEY = False   # 将原来的True改成False
```

然后按照 6.1.1 节讲解的方法，在第 53 行左右的位置取消如下代码的注释，以激活下载器中间件。

```
1    DOWNLOADER_MIDDLEWARES = {
2        'ip.middlewares.IpDownloaderMiddleware': 543,
3    }  # 取消原本的注释
```

5．运行爬虫项目

现在可以运行爬虫项目了。在 PyCharm 的终端中执行指令"scrapy crawl sogou"，运行爬虫代码，执行过程如下图所示。

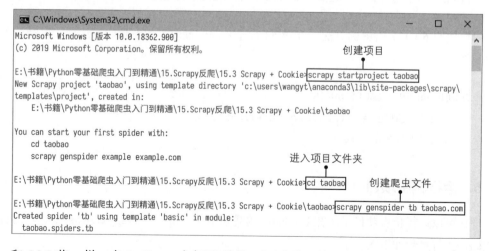

可以看到，当一个 IP 代理地址无效时，Scrapy 会自动切换 IP 代理地址，并开始执行爬虫任务，将图片下载到项目文件夹下的文件夹"images"中。

6.3　Scrapy + Cookie：模拟登录淘宝

1.2 节讲过如何在使用 Requests 库时通过 Cookie 模拟登录淘宝，本节则要讲解如何在 Scrapy 框架中通过 Cookie 模拟登录淘宝（不登录就无法爬取内容），其核心思路和 6.2.2 节添加 IP 代理非常类似。

6.3.1　在中间件文件中添加 Cookie

先按照第 5 章讲解的方法，在指定文件夹路径下打开命令行窗口，输入指令，新建一个爬虫项目，项目名为 taobao，具体爬虫文件名为 tb，如下图所示。

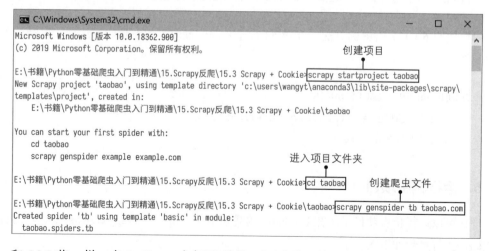

和 6.2.2 节一样，在 PyCharm 中打开项目，打开项目的中间件文件"middlewares.py"，

找到下载器中间件类 TaobaoDownloaderMiddleware 下的 process_request() 方法（或者叫函数），我们可以在这里添加 Cookie，使得每次访问淘宝时都携带 Cookie 登录信息，如下图所示。

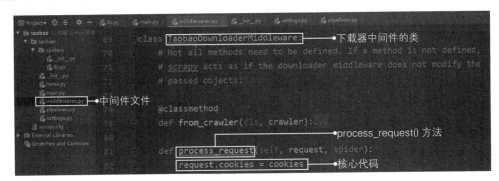

process_request() 方法中添加的代码如下：

```
1        request.cookies = cookies   # 核心代码
```

通过这行代码就可以将获取到的 Cookie 值添加到每次的爬虫请求中，这与 6.2.2 节中用 request.meta['proxy'] = proxies 添加 IP 代理有异曲同工之处。那么该如何获取这个 Cookie 值（也就是上面这行代码中的变量 cookies）呢？按照 1.2 节讲解的方法，需要通过 Selenium 库模拟登录淘宝后获取 Cookie 值，而在 Scrapy 框架中要实现类似的功能，则是在 "middlewares.py" 的开头部分编写如下图所示的代码。

这段代码的工作原理就是通过 Selenium 库调用模拟浏览器打开淘宝的登录页面，然后在等待的 15 秒内通过手机扫码手动登录淘宝，再用 get_cookies() 函数获取 Cookie 值。

这段代码和 1.2 节的代码稍微有些不同。这里获得 Cookie 值后可以直接使用，而不需要像 1.2 节那样将 Cookie 值转换为字典格式再在 Requests 库中使用。此外，这里还用 find_element_by_xpath() 函数定位二维码按钮然后模拟单击，切换成扫码登录模式，当然也可以手动操作进入二维码登录模式。

在运行爬虫项目时，Scrapy 框架会执行项目中所有已激活的文件，因此，执行到中间件文件 "middlewares.py" 时，就会先执行上面的代码获取 Cookie 值，这样 process_request() 方法中才有 Cookie 值可用。感兴趣的读者可通过 print(cookies) 打印输出 Cookie 值进行查看。

此外，注意不要把获取 Cookie 值的代码写到 process_request() 方法中，否则爬取一个页面不会有问题，但如果爬取多个页面，就可能导致每次爬取前都会执行模拟登录（因为每次爬取前都会先执行 process_request() 方法）。而把获取 Cookie 值的代码写在中间件文件 "middlewares.py" 的开头部分，就只会在启动爬虫项目时执行一次。

6.3.2　编写并运行爬虫文件：爬取淘宝网页

设置好 Cookie 后就可以开始编写爬虫文件了。先从简单的爬取一页入手进行尝试，再进阶到爬取多页。

1．编写爬虫文件

在文件夹 "spiders" 中的爬虫文件 "tb.py" 中编写如下代码：

```
1   import scrapy
2   import re
3
4   class TbSpider(scrapy.Spider):
5       name = 'tb'
6       allowed_domains = ['taobao.com']
7       start_urls = ['https://s.taobao.com/search?q=王宇韬']
8
9       def parse(self, response):
10          res = response.text
11          title = re.findall('"raw_title":"(.*?)"', res)
12          price = re.findall('"view_price":"(.*?)"', res)
13          sale = re.findall('"view_sales":"(.*?)人付款"', res)
14
15          for i in range(len(title)):
16              print(title[i] + ', 价格为: ' + price[i] + ', 销量为: '
                    + sale[i])
```

　　这里首先修改 start_urls 为目标网址 https://s.taobao.com/search?q=王宇韬，即以笔者的姓名为关键词搜索淘宝商品，然后在 parse() 函数中用正则表达式提取信息等。

　　本节主要是讲解如何使用 Cookie，所以没有像 5.3 节那样设置实体文件，而是直接在爬虫文件中打印输出相关内容。感兴趣的读者可以在实体文件 "items.py" 中创建 3 个变量 title、price、sale，也可以像 5.4 节那样在管道文件 "pipelines.py" 中进行数据存储等爬后处理。

2. 修改设置文件

　　编写完代码后，修改设置文件 "settings.py"。首先在第 20 行左右的位置修改如下代码，设置不遵守 Robots 协议。

```
1    ROBOTSTXT_OBEY = False  # 将原来的True改成False
```

　　然后在第 53 行左右的位置取消如下代码的注释，以激活下载器中间件。

```
1    DOWNLOADER_MIDDLEWARES = {
2        'taobao.middlewares.TaobaoDownloaderMiddleware': 543,
3    }  # 取消原本的注释
```

3. 运行爬虫项目

　　现在可以运行爬虫项目了。在 PyCharm 的终端中执行指令 "scrapy crawl tb"，运行爬虫代码。随后会弹出一个模拟浏览器窗口并打开淘宝的登录页面，自动进入扫码登录模式，在页面中手动扫码登录，便可获得 Cookie 值，稍等片刻，该窗口会自动关闭。

获得 Cookie 值之后，就可以顺利爬取相关信息了，结果如下图所示。可以看到成功地爬取到商品的标题、价格和销量。

```
Python大数据分析与机器学习商业案例实战 王宇韬 钱妍竹 正版书籍 新华书店旗舰店文轩官网 机械工业出版社，价格为：50.80，销量为：3
Python金融大数据挖掘与分析全流程详解 王宇韬 编著 Python 基础知识 网络数据爬虫技术 数据库存取 数据清洗 数据相关性分析书籍，价格为：67.30，销量为：0
8069933预货包邮python大数据分析与机器学习商业案例实战 王宇韬钱妍竹计算机 软件与程序设计Python机器学习大数据分析，价格为：49.90，销量为：15
预售 超简单 用Python让Excel飞起来 王秀文,郭明鑫,王宇韬 编 操作系统（新）专业科技 新华书店正版图书籍 机械工业出版社，价格为：46.20，销量为：1
```

4. 修改代码实现爬取多页

想爬取多页也很简单，在 start_urls 中添加网址即可。举个最简单的例子，将 start_urls 改成如下内容，就可以爬取两个网址了：

```
1    start_urls = ['https://s.taobao.com/search?q=王宇韬', 'https://s.
     taobao.com/search?q=金融']
```

这样的代码还不够灵活，如果想更方便地添加搜索关键词，可以参考 5.4 节或 6.2 节，通过 for 循环语句和 append() 函数添加网址，演示代码如下：

```
1    keywords = ['金融', 'Python', '科技']
2    for i in keywords:
3        start_urls.append('https://s.taobao.com/search?q=' + keywords)
```

6.4 Scrapy + Selenium 库：爬取第一财经新闻

Scrapy 框架爬取页面的方式和 Requests 库类似，都是模拟 HTTP 请求，因此，Scrapy 框架也不能爬取动态渲染的页面。对于动态渲染的页面（如新浪财经的股价页面），使用 Selenium 库来爬取会非常简单且易于操作。我们不需要关心页面后台发送的请求，也不需要分析渲染过程，只需要关心页面的最终结果。

下面就来结合 Scrapy 框架和 Selenium 库爬取动态渲染的网站，阅读之前请确保自己已经熟练掌握了 Selenium 库的相关知识。以第一财经（https://www.yicai.com/）作为爬取对象，目标是爬取在第一财经中搜索"阿里巴巴"得到的相关新闻，网址为 https://www.yicai.com/search?keys=阿里巴巴，页面效果如下图所示。

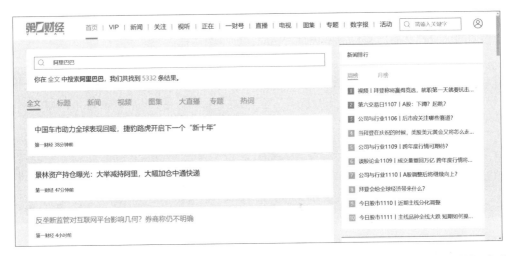

　　第一财经的爬取有三大难点：❶网页是动态渲染的；❷正则表达式不好写；❸数据清洗有一定难度。第 1 个难点在 6.4.1 节通过添加 Selenium 库来解决，第 2 个和第 3 个难点则在 6.4.2 节解决。

6.4.1　在中间件文件中添加 Selenium 库

　　先按照第 5 章讲解的方法，在指定文件夹路径下打开命令行窗口，输入指令，新建一个爬虫项目，项目名为 dycj，具体爬虫文件名为 yicai，如下图所示。

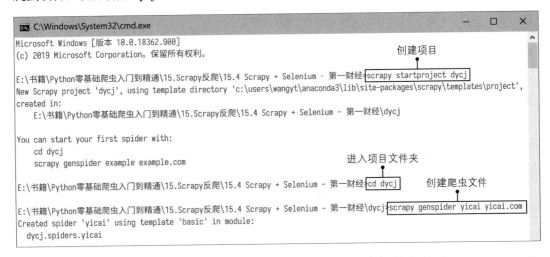

　　和 6.2.2 节一样，在 PyCharm 中打开项目，打开项目的中间件文件"middlewares.py"，找到下载器中间件类 DycjDownloaderMiddleware 下的 process_request() 方法（或者叫函数），

与添加 IP 代理和 Cookie 的方法类似，我们也可以在这里添加 Selenium 库的相关代码，使得每次访问网址时都是通过 Selenium 库进行访问，如下图所示。

需要在下载器中间件 DycjDownloaderMiddleware 类下编写的核心代码如下：

```python
def __init__(self):
    self.browser = webdriver.Chrome()

def process_request(self, request, spider):
    self.browser.get(request.url)
    time.sleep(2)
    body = self.browser.page_source
    return HtmlResponse(self.browser.current_url, body=body, en-
coding='utf-8', request=request)
```

第 1 行和第 2 行代码用于定义 DycjDownloaderMiddleware 类的初始化方法（参见 5.5 节），其功能是构造了类的一个属性 browser，属性的值 webdriver.Chrome() 就是 Selenium 库构造的模拟浏览器。browser 只是一个名称代号，也可以写成 driver 等其他名称，只要和后续内容保持一致即可。

第 5 行代码通过构造的模拟浏览器来访问请求的网址，这样每次请求一个新的网址，都是通过 Selenium 库构造的这个模拟浏览器进行访问的。

第 6 行代码等待 2 秒，让页面加载完毕，这样可以尽量保证后续获取的网页源代码是我们所需要的。

第 7 行代码通过 self.browser.page_source 获取网页源代码，这个其实和之前使用 Selenium 库时所写的 browser.page_source 含义相同，只不过在类里应用类属性时得加一个 self。

第 8 行代码用 scrapy.http 模块中的 HtmlResponse() 函数将获得的网页源代码传给 Scrapy

框架，方便其他组件调用。括号中的参数分别代表当前爬虫所访问的网址、网页源代码、编码格式及 request 设置，简单了解即可。

　　因为上述代码使用了 Selenium 库、time 库和 HtmlResponse() 函数，所以在中间件文件 "middlewares.py" 的开头还需要通过如下代码导入相关库：

```
1    from selenium import webdriver
2    import time
3    from scrapy.http import HtmlResponse
```

> **补充知识点：无界面浏览器模式设置**
>
> 　　如果想启用无界面浏览器模式，只需要修改初始化方法 __init__()，在其中添加 chrome_options，代码如下：
>
> ```
> 1    def __init__(self):
> 2        chrome_options = webdriver.ChromeOptions()
> 3        chrome_options.add_argument('--headless')
> 4        self.browser = webdriver.Chrome(options=chrome_options)
> ```

6.4.2　编写并运行爬虫文件：爬取新闻信息

　　设置好 Selenium 库就可以开始编写爬虫文件了。

1．编写爬虫文件

　　在文件夹 "spiders" 中的爬虫文件 "yicai.py" 中编写如下代码：

```
1    import scrapy
2    import re
3
4    class YicaiSpider(scrapy.Spider):
5        name = 'yicai'
6        allowed_domains = ['yicai.com']
7        start_urls = ['https://www.yicai.com/search?keys=阿里巴巴']
```

```
8
9    def parse(self, response):
10        data = response.text
11        print(data)   # 代码调试完毕后可以将这行代码注释掉
12
13        p_title = '<div class="m-list">.*?<h2>(.*?)</h2>'
14        p_href = '<a href="(.*?)" class="f-db" target="_blank">'
15        title = re.findall(p_title, data)
16        href = re.findall(p_href, data)
17
18        title = title[:-1]   # 匹配到的最后一条内容不是新闻，将其舍弃
19        href = href[:-1]    # 匹配到的最后一条内容不是新闻，将其舍弃
20        for i in range(len(title)):
21            href[i] = href[i].split('<a href="')[-1]
22            href[i] = 'https://www.yicai.com' + href[i]
23            print(str(i + 1) + '.' + title[i])
24            print(href[i])
```

前面说过，上述代码的难点是正则表达式的编写和数据清洗。

先来讲解正则表达式的编写。用开发者工具观察网页源代码，如下图所示，发现新闻标题都在 <div class="m-list"> 这个标签内，网址都在 class="f-db" 这个 <a> 标签内，看起来正则表达式的编写并不难。但是，用开发者工具看到的网页源代码和 Python 获得的网页源代码可能会有差异，我们还是需要在 Python 中把获得的网页源代码打印出来进行确认。

如下图所示，在 Python 中打印输出获得的网页源代码，发现网址的规律和用开发者工具观察到的规律一样，但是标题附近的代码却和开发者工具中看到的略有不同：<div class="m-list"> 后面不是换行，而是空格。因此，要以 Python 获得的网页源代码为准来编写正则表达式。

观察如下这条标题：

<div class="m-list">　　　　<div>　　　　　<h2>反垄断监管对互联网
平台影响几何？券商称仍不明确</h2>

可以总结出如下规律：

<div class="m-list">空格和不相关内容<h2>标题</h2>

根据上述规律，编写出用正则表达式提取标题的代码如下：

```
1   p_title = '<div class="m-list">.*?<h2>(.*?)</h2>'
2   title = re.findall(p_title, data)   # 只有空格，没有换行，不需要加re.S
```

同理，观察如下这条网址：

<a href="/news/100836431.html" class="f-db" target="_blank">

可以总结出如下规律：

<a href="网址" class="f-db" target="_blank">

根据上述规律，编写出用正则表达式提取网址的代码如下：

```
1   p_href = '<a href="(.*?)" class="f-db" target="_blank">'
2   href = re.findall(p_href, data)
```

解决了正则表达式的问题，接着解决数据清洗的问题，主要有：匹配到的最后一条内容有问题；提取到的第一条新闻的网址有点问题；提取到的网址缺少前缀。

　　先来看匹配到的最后一条内容的问题。在搜索结果页面中可以看到每页有 20 条新闻，但是正则表达式的匹配结果有 21 条，如下图所示。

```
20.消费复苏！外媒：中国"双11"购物季为全球经济复苏提供助力
https://www.yicai.com/news/100834790.html
21.<?-item.title?>
https://www.yicai.comhttp://cbnforum.yicai.com/">中国经济论坛</a></li></ul></
.html" target="_blank">广告联系</a></li><li><a href="/buy" target="_blank">
</a></li><li><a href="/others/aboutus.html" target="_blank">关于我们</a></li
```

　　第 21 条其实是误匹配到的内容，这是由正则表达式不够严格导致的，但是这里也很难把正则表达式写得更严格。解决方法比较讨巧，直接把最后一条内容舍弃。第 18 行和第 19 行代码中，[:-1] 的冒号前省略了索引，表示从第一个元素开始提取，冒号后的 -1 表示最后一个元素，又由于列表切片"左闭右开"的特性，取不到这个元素，从而达到舍弃最后一条内容的目的。也可以把 [:-1] 写成 [0:-1]。

```
1   title = title[:-1]   # 匹配到的最后一条内容不是新闻，将其舍弃
2   href = href[:-1]     # 匹配到的最后一条内容不是新闻，将其舍弃
```

　　然后来看第一条新闻的网址问题。如下图所示，在数据清洗前，第一条新闻的网址前匹配到了一些多余的内容。

```
">大直播</a></li><li data-action="14"><a href="javascript:void(0)">专题</a></li><li data-action="8"><a
href="javascript:void(0)">热词</a></li></ul></div><div class="m-content m-content-4"><div class="m-con
id="searchlist">  <a href="/news/100836923.html
2.景林资产持仓曝光，大举减持阿里，大幅加仓中通快递         在第一条新闻的网址
https://www.yicai.com/news/100836923.html               前有多余的内容
3.反垄断监管对互联网平台影响几何？券商称仍不明朗
https://www.yicai.com/news/100836935.html
4.外媒："双11"让世界看到中国经济的强势复苏
```

　　这也是由正则表达式不够严格导致的，并且同样很难把正则表达式写得更严格。因为只有第一条新闻的网址有这个问题，所以进行简单处理，用 split() 函数根据网址前的"<a href="""拆分字符串，然后用 [-1] 提取拆分得到的列表的最后一个元素，就是新闻的网址。

```
1   href[i] = href[i].split('<a href="')[-1]
```

　　最后来看网址缺少前缀的问题，这个问题比较简单，通过字符串拼接即可解决，代码如下：

```
1   href[i] = 'https://www.yicai.com' + href[i]
```

感兴趣的读者可以把数据清洗的代码注释掉，就能看到前面所说的那些问题了。

2. 修改设置文件

编写完代码后，修改设置文件 "settings.py"。首先在第 20 行左右的位置修改如下代码，设置不遵守 Robots 协议。

```
1    ROBOTSTXT_OBEY = False   # 将原来的True改成False
```

然后在第 53 行左右的位置取消如下代码的注释，以激活下载器中间件。

```
1    DOWNLOADER_MIDDLEWARES = {
2        'dycj.middlewares.DycjDownloaderMiddleware': 543,
3    }  # 取消原本的注释
```

3. 运行爬虫项目

现在可以运行爬虫项目了。在 PyCharm 的终端中执行指令 "scrapy crawl yicai"，运行爬虫代码，会先弹出一个谷歌浏览器窗口，显示搜索结果页面，如下图所示。

最终获取结果如下（部分内容从略）：

```
1   1.中国车市助力全球表现回暖，捷豹路虎开启下一个"新十年"
2   https://www.yicai.com/news/100836923.html
3   2.景林资产持仓曝光：大举减持阿里，大幅加仓中通快递
4   https://www.yicai.com/news/100836926.html
5   3.反垄断监管对互联网平台影响几何？券商称仍不明确
6   https://www.yicai.com/news/100836535.html
7   4.外媒："双11"让世界看到中国经济的强势复苏
8   https://www.yicai.com/news/100836431.html
9   5.拼多多首次实现单季盈利，概念股又火了
10  https://www.yicai.com/news/100836399.html
11  ············
```

本节的重点是演示如何在 Scrapy 框架中使用 Selenium 库，因此没有涉及实体文件和管道文件，而是直接在爬虫文件"yicai.py"内打印输出爬取结果。感兴趣的读者可以尝试通过实体文件和管道文件的联动，将爬取结果导出为 Excel 工作簿（参见第 5 章）。

至此，Scrapy 应对反爬的核心内容就讲解完毕了。读者如果还想进一步学习 Scrapy 框架，可以研究一下 Scrapy 分布式爬虫，这是 Scrapy 作为爬虫框架的一大优势——适合开发大型数据挖掘项目。分布式爬虫可以理解为多台服务器（计算机）一起联合爬取数据，通常适用于百度搜索引擎这种级别的爬虫。有志于成为爬虫工程师的读者可以在这方面多做研究，普通学习者了解即可。

课后习题

1. 简述 Scrapy 结合 IP 代理的核心代码及注意事项。

2. 简述 Scrapy 结合 Cookie 的核心代码及注意事项。

3. 简述 Scrapy 结合 Selenium 库的核心代码及注意事项。

第 7 章
爬虫云服务器部署

本章主要讲解如何将爬取到的数据以网页的形式展示出来，并实现前端网页连通后端 Python 代码，最终通过云服务器部署实现数据云端存储以及爬虫程序 24 小时不间断运行。

▌7.1　HTML 网页制作进阶

本节的目标是搭建出如下图所示的网页来展示数据，完成这个任务需要用到 HTML 网页制作的知识。

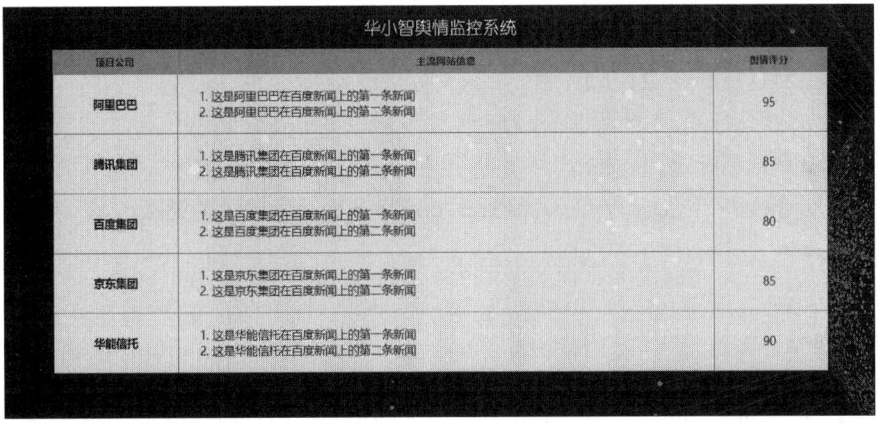

在《零基础学 Python 网络爬虫案例实战全流程详解（入门与提高篇）》第 2 章讲解过一些 HTML 网页制作的基础知识。这里先来复习一下在网页中创建标题、段落、带链接文本的 HTML 语法知识：

```
1    # 定义标题
2    <h1>标题内容</h1>
3    # 定义段落
4    <p>段落内容</p>
5    # 定义带链接的文本
6    <a href="链接网址">文本内容</a>
```

上面这些由"<>"包围起来的内容称为 HTML 标签，如 <p>、</p>，在叙述时一般叫作 <p> 标签。一个网页可以理解为是用不同的 HTML 标签以"大框套小框"的方式嵌套组合而成的。

再来复习一下网页的基本框架，代码如下：

```
1   <!DOCTYPE html>
2   <html>
3
4   <head>
5       <meta charset="utf-8">  <!-- 如果出现乱码，则将utf-8改为gbk -->
6   </head>
7
8   <body>
9       <h1>这是标题 1</h1>
10      <p>这是标题1下的段落。</p>
11      <h2>这是标题 2</h2>
12      <p>这是标题2下的段落。</p>
13      <h3>这是标题 3</h3>
14      <a href="https://www.baidu.com">这是百度首页的链接</a>
15  </body>
16
17  </html>
```

一个网页的结构就像人的身体一样：开始是头部信息，用 <head> 标签定义，主要用来设置编码格式等内容，这里设置的编码格式是"utf-8"，如果出现乱码，则把"utf-8"改为"gbk"；头部信息下方是身体信息，用 <body> 标签定义，主要是网页的具体内容。

此外，前两行的 <!DOCTYPE html>、<html> 以及最后一行的 </html> 是一种固定的标准写法，用于声明这是一个 HTML 文档。

读者可以先创建一个文本文件，在文件中输入上述内容，然后把文件扩展名从".txt"改成".html"，双击这个 HTML 文档就可以在浏览器中看到网页。之后可以用"记事本"或 PyCharm 打开这个 HTML 文档来进行编辑。

如果想在 HTML 代码里添加注释，可使用如下方式：

```
1   <!-- 在这里面可以添加注释 -->
```

　　掌握了以上这些基础知识，离做出本节开头展示的那个网页已不遥远，还需要继续学习的知识是表格、列表、样式设计和背景设置。

7.1.1　表格

　　在本节开头的网页中，主体内容是一个表格。表格用 <table> 标签定义，每个表格有若干行，每行有若干个单元格。先来创建一个简单的表格，核心代码如下：

```
1   <table border="1">
2       <tr>
3           <td>阿里巴巴</td>
4           <td>新闻标题1</td>
5       </tr>
6       <tr>
7           <td>阿里巴巴</td>
8           <td>新闻标题2</td>
9       </tr>
10  </table>
```

　　把上述代码放到前面的完整 HTML 代码中的 <body> 和 </body> 标签之间，保存后双击 HTML 文档，可以看到页面中会生成如右图所示的表格。

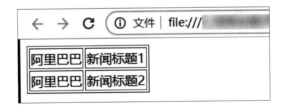

　　和用 "<p> 段落内容 </p>" 定义一个段落一样，这里用 "<table> 表格内容 </table>" 定义一个表格。其中在第 1 行的 <table> 中加了一个属性设置 border="1"，表示设置表格的边框粗细为 1 像素。如果不加这个属性，那么表格就不显示边框，读者可以自行尝试。

　　在 <table> 和 </table> 之间，用 "<tr> 每行内容 </tr>" 定义表格中每一行的内容，tr 是 table row（表格行）的缩写。在 <tr> 和 </tr> 之间，用 "<td> 单元格内容 </td>" 来定义每一行中每一个单元格的内容，td 是 table data（表格数据）的缩写，有几对 <td> 和 </td>，就表示一行有几个单元格，即有多少列。

　　还可以给此表格增加一个表头。先用 "<tr> 每行内容 </tr>" 增加一行，再用 "<th> 表头内容 </th>" 来添加表头，th 是 table head（表头）的缩写。

在 HTML 文档里改完，重新打开 HTML
文档或者刷新网页，可以看到生成了如右图
所示的表格。这个表格看起来和我们的目标
有很大的差距，但是基本的结构已经有了，
下面就是不断对其进行完善。

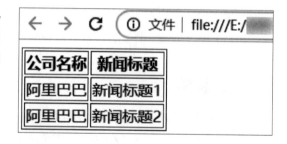

7.1.2 列表

HTML 中的列表和 Python 中的列表不是
一个概念。HTML 中的列表是如右图所示的
有序列表（列表项以数字序号开头）和无序
列表（列表项以项目符号开头）。

先讲解无序列表。无序列表用 \<ul\> 标签定义。先通过"\<ul\> 列表内容 \</ul\>"定义一个
无序列表，再在 \<ul\> 和 \</ul\> 之间用"\<li\> 每一项的内容 \</li\>"来定义列表中的每一项，代
码如下：

```
1   <ul>
2       <li>阿里巴巴的第一条新闻</li>
3       <li>阿里巴巴的第二条新闻</li>
4   </ul>
```

把上述代码放到之前完整 HTML 代码中
的 \<body\> 和 \</body\> 之间，重新打开 HTML
文档或者刷新网页，可以看到网页中显示如
右图所示的无序列表。

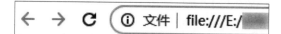

再来讲解有序列表。有序列表用 \<ol\> 标签定义。先通过"\<ol\> 列表内容 \</ol\>"定义一
个有序列表，再在 \<ol\> 和 \</ol\> 之间用"\<li\> 每一项的内容 \</li\>"来定义列表中的每一项，
代码如下：

```
1   <ol>
2       <li>阿里巴巴的第一条新闻</li>
```

```
3          <li>阿里巴巴的第二条新闻</li>
4      </ol>
```

同样把上述代码放到之前完整 HTML 代
码中的 <body> 和 </body> 之间，重新打开
HTML 文档或者刷新网页，可以看到网页中
显示如右图所示的有序列表。

1. 阿里巴巴的第一条新闻
2. 阿里巴巴的第二条新闻

现在尝试把列表放到表格里，代码如下：

```
1   <table border="1">
2       <tr>
3           <th>公司名称</th>
4           <th>新闻标题</th>
5       </tr>
6       <tr>
7           <td>阿里巴巴</td>
8           <td>
9               <ol>
10                  <li>这是阿里巴巴在百度新闻上的第一条新闻</li>
11                  <li>这是阿里巴巴在百度新闻上的第二条新闻</li>
12              </ol>
13          </td>
14      </tr>
15  </table>
```

通过上述代码就可以生成如右图所示的
页面内容。

现在离本节的目标其实已经很近了，接
下来需要对表格的样式进行一些设置。

公司名称	新闻标题
阿里巴巴	1. 这是阿里巴巴在百度新闻上的第一条新闻 2. 这是阿里巴巴在百度新闻上的第二条新闻

7.1.3　样式设计

通过样式设计可以修改文字的字体、颜色、字号等属性，也可以修改表格的边框、颜色、透明度等属性。下面先讲解文字样式设置，再讲解表格样式设置。

1．文字样式设置

为文字设置样式有多种方式，下面讲解常用的两种方式。

（1）在各个标签中直接设置样式

假设要在前面创建的表格上方添加一个标题"华小智舆情监控系统"，可用"<p> 华小智舆情监控系统 </p>"创建一个段落作为标题（这里没有用 <h> 标签创建标题，因为用 <p> 标签更灵活）。如果还想设置该标题的字体、颜色、字号等格式，就需要使用样式。先来看代码：

```
1    <p style="font-family:arial; color:red; font-size:26px">华小智舆情
     监控系统</p>
```

把上述代码放到之前的 <body> 标签中的 <table> 标签上方，结果如右图所示。这样就创建了一个设置了样式的标题。

设置样式有多种方式，上述代码使用的是最简单的方式：直接在标签里设置。其语法格式是 style="各种样式参数"（style 意为风格与样式），每个样式参数用分号分隔，参数名和参数值用冒号分隔。下面来讲解上述代码中各个样式参数的含义：

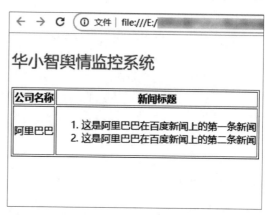

❶ font-family 代表字体，这里设置为 Arial，可以换成微软雅黑、幼圆等其他字体。

❷ color 代表颜色，这里设置为 red（红色），可以换成 black（黑色）、white（白色）、blue（蓝色）等其他颜色。如果要使用更丰富的颜色，可以写成十六进制的 HTML 颜色代码。例如，黑色、白色、红色可分别写成 #000000、#FFFFFF、#FF0000。这里的 # 和其后的 6 个字母或数字就组成了一个颜色值。在百度上搜索"HTML 颜色代码"可以查询到更多 HTML 颜色代码，如 https://html-color-codes.info/chinese/。

❸ font-size 代表字号，这里设置为 26px，即 26 像素。实践中通常先尝试设置一个数值，如果大了则调小些，如果小了则调大些。

如果还想把文字设置成居中对齐，可以再加一个参数 text-align，将其值设置成 center，代码如下：

```
1   <p style="font-family:arial; color:red; font-size:26px; text-align:
    center">华小智舆情监控系统</p>
```

设置效果如下图所示。

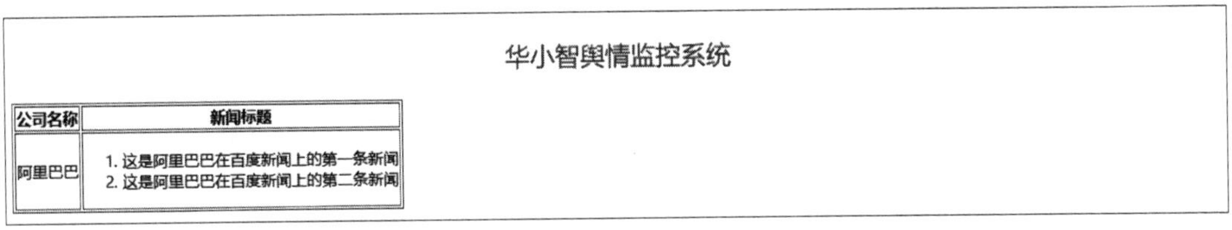

（2）在 <head> 标签中批量设置样式

除了直接在每个标签里设置样式，还可以在 <head> 标签中设置样式。这种方式的优点是之后的每个标签都会自动加载样式，无须对每个标签进行重复设置。代码如下：

```
1   <head>
2       <meta charset="utf-8">
3       <style>
4           p {font-family:arial; color:red; font-size:26px;
            text-align:center}
5       </style>
6   </head>
```

如上面代码所示，只需要在 <head> 标签中添加 <style> 标签，然后在其中定义样式。例如，这里为 <p> 标签定义了一个样式，语法格式是先写 <p> 标签的名称 p，然后写一对大括号"{}"，再在大括号中书写样式参数。之后在 <body> 标签里添加 <p> 标签就不需要重复设置样式了，如下图所示。

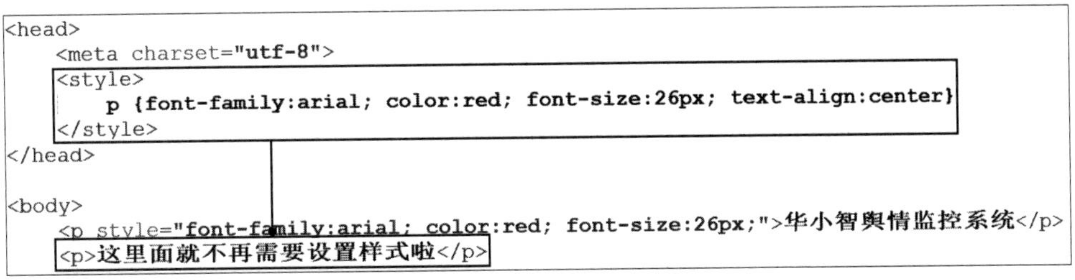

　　设置效果如下图所示。可以看到，代码中没有对第 2 个 <p> 标签进行额外的样式设置，但其自动应用了 <head> 标签中设置的样式效果。由此可见，这种方式可以高效地完成样式的批量设置。

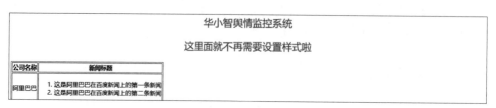

　　如果对于某个标签并不想使用批量设置的样式，也可以单独为其设置样式。例如，再在 <body> 标签里添加一个 <p> 标签，现在不希望它是红色的，而希望它是黑色的，那么只需要在这个 <p> 标签里直接设置颜色，如下图所示。

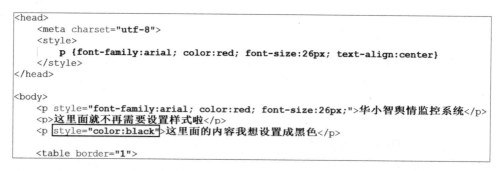

　　设置效果如下图所示。可以看到，第 3 个标题的字体、字号、对齐方式使用了 <head> 标签中批量设置的样式，只有颜色不是 <head> 标签中批量设置的红色，而是黑色。可以这么理解：它本来是被 <head> 标签中的样式设置成红色的，但马上又被 <p> 标签自身的样式设置的黑色给覆盖了。也就是说，如果样式设置并不需要批量化，那么就不要在 <head> 标签里设置，而是单独在各个标签里设置。

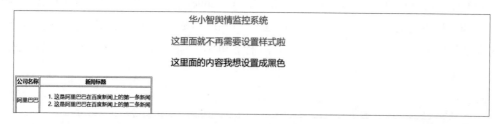

　　这种在 <head> 标签里批量设置样式的方式在后面要讲到的表格样式设置中会发挥很大的作用。

2．表格样式设置

学习完文字的样式设置，接着学习表格的样式设置。

首先把表格设置成居中显示。在 <head> 标签中为 <p> 标签批量设置的样式下方添加如下代码：

```
1   table {margin:auto}
```

margin 参数设置的是表格边距，即与屏幕左右边框的距离。这里设置为 auto，意思是自动调整边距，这样浏览器会把表格自动调整为居中显示，如下图所示。

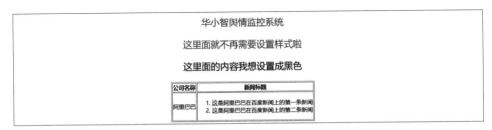

当然也可以直接在 <table> 标签里设置样式，代码如下：

```
1   <table border ="1" style="margin:auto">
```

但这里还是建议在 <head> 标签里批量设置样式。原因是 <table> 标签里还有很多 <th>、<tr>、<td> 标签，如果为每一个标签都单独设置样式，就太烦琐了。

然后设计表格边框。先把 <table border ="1"> 中的 border ="1" 删掉，因为这种方式设置的边框不好看。接着设置表头和每一个单元格的边框样式，在 <head> 标签中设置表格居中显示的样式下方补充如下内容：

```
1   table th {border:1px solid #729EA5}
2   table td {border:1px solid #729EA5}
```

其中 table th 和 table td 分别表示要为表格的表头和单元格设置样式。样式的内容相同，其中 border 参数有 3 个值：第 1 个值表示设置边框粗细为 1 像素，第 2 个值表示设置边框的线型为实线，第 3 个值表示设置边框的颜色为 #729EA5（一种蓝色）。设置效果如右图所示。

公司名称	新闻标题
阿里巴巴	1. 这是阿里巴巴在百度新闻上的第一条新闻 2. 这是阿里巴巴在百度新闻上的第二条新闻

现在的样式效果有一个小问题：各边框之间是分开的。我们想让它们都合并在一起，只要在 table {margin:auto} 中再加一个自动组合边框的样式设置 "border-collapse:collapse"。汇总代码如下：

```
1  table {margin:auto; border-collapse:collapse}
2  table th {border:1px solid #729EA5}
3  table td {border:1px solid #729EA5}
```

设置效果如右图所示。现在表格已经美观多了，但是文字和边框靠得太近，此时可以通过 padding 参数设置内边距，让文字和边框的间距大一些，如 "padding:8px"。汇总代码如下：

公司名称	新闻标题
阿里巴巴	1. 这是阿里巴巴在百度新闻上的第一条新闻 2. 这是阿里巴巴在百度新闻上的第二条新闻

```
1  table {margin:auto; border-collapse:collapse}
2  table th {border:1px solid #729EA5; padding:8px}
3  table td {border:1px solid #729EA5; padding:8px}
```

设置效果如右图所示，可以看到表格的排版已经没那么拥挤，但是表头还不够突出。可以通过在 table th 中添加 "background-color:#ACC8CC"，为表头设置背景颜色。其中 background-color 是 "背景颜色" 的意思，#ACC8CC 是一种深蓝色。汇总代码如下：

公司名称	新闻标题
阿里巴巴	1. 这是阿里巴巴在百度新闻上的第一条新闻 2. 这是阿里巴巴在百度新闻上的第二条新闻

```
1  table {margin:auto; border-collapse:collapse}
2  table th {border:1px solid #729EA5; padding:8px; background-color:
   #ACC8CC}
3  table td {border:1px solid #729EA5; padding:8px}
```

设置效果如右图所示，已经很接近本节的目标了。

按照本节的目标调整表格内容，添加行列，修改表头等，核心代码如下：

公司名称	新闻标题
阿里巴巴	1. 这是阿里巴巴在百度新闻上的第一条新闻 2. 这是阿里巴巴在百度新闻上的第二条新闻

```
1   <body>
2       <p style="font-family:arial; color:black; font-size:26px;
        text-align:center">华小智舆情监控系统</p>
3
4       <table>
5           <tr>
6               <th>项目公司</th>
7               <th>主流网站信息</th>
8               <th>舆情评分</th>
9           </tr>
10          <tr>
11              <td>阿里巴巴</td>
12              <td>
13                  <ol>
14                      <li>这是阿里巴巴在百度新闻上的第一条新闻</li>
15                      <li>这是阿里巴巴在百度新闻上的第二条新闻</li>
16                  </ol>
17              </td>
18              <td>95</td>
19          </tr>
20      </table>
21  </body>
```

其中把标题"华小智舆情监控系统"的样式直接写在了 <p> 标签里，因为这种样式的段落只出现一次，所以就不放到 <head> 标签里了，此外将颜色设置成了黑色（black）。通过"<th>舆情评分 </th>"添加了新的一列"舆情评分"的表头，并通过"<td>95</td>"在表格里添加了一个 95 分。此时的页面效果如下：

华小智舆情监控系统

项目公司	主流网站信息	舆情评分
阿里巴巴	1. 这是阿里巴巴在百度新闻上的第一条新闻 2. 这是阿里巴巴在百度新闻上的第二条新闻	95

继续进行完善。首先感觉表格的整体宽度不够大，可以通过在 table {margin:auto; border-collapse:collapse} 中添加 "width:90%"，让表格的宽度始终为屏幕宽度的 90%。代码如下：

```
1   table {margin:auto;border-collapse: collapse;width:90%}
```

设置效果如下图所示。

华小智舆情监控系统		
项目公司	主流网站信息	舆情评分
阿里巴巴	1. 这是阿里巴巴在百度新闻上的第一条新闻 2. 这是阿里巴巴在百度新闻上的第二条新闻	95

接着想将标题"华小智舆情监控系统"和表格内容设置成不同的字体，并将"项目公司"和"舆情评分"这两列的内容设置成居中对齐。先把标题的字体换成幼圆，代码如下：

```
1   <p style="font-family:幼圆; color:black; font-size:26px; text-align:
    center">
```

其中 font-family 用于设置字体，color 用于设置颜色，font-size 用于设置字号，text-align 用于设置对齐方式。用同样的方式设置表格内容的字体和对齐方式，代码如下：

```
1   table {margin:auto; border-collapse:collapse; width:90%}
2   table th {border:1px solid #729EA5; padding:8px; background-color:
    #ACC8CC; font-family:微软雅黑; text-align:center}
3   table td {border:1px solid #729EA5; padding:8px; font-family:微软雅
    黑; text-align:center}
```

设置效果如下图所示。

华小智舆情监控系统		
项目公司	主流网站信息	舆情评分
阿里巴巴	1. 这是阿里巴巴在百度新闻上的第一条新闻 2. 这是阿里巴巴在百度新闻上的第二条新闻	95

可以看到，第 2 列中有序列表的序号很"不听话"，没有跟着内容居中对齐，这里把它单独设置成左对齐。通过在 <td> 标签里单独设置对齐方式，将 <head> 标签中批量设置的对齐方式覆盖掉，代码如下：

```
1    <td style="text-align:left">
2        <ol>
3            <li>这是阿里巴巴在百度新闻上的第一条新闻</li>
4            <li>这是阿里巴巴在百度新闻上的第二条新闻</li>
5        </ol>
6    </td>
```

通过在第 2 个 <td> 标签里单独设置 style="text-align:left"，就可以把第 2 列的内容设置为左对齐（left 就是"左边"的意思）。继续通过这种单独设置的方式把第 1 列的内容设置为粗体，代码如下：

```
1    <td style="font-weight:bold">阿里巴巴</td>
```

其中 font-weight 用于设置字体粗细，bold 就是"粗体"的意思。可把 bold 换成 normal，表示常规粗细。font-weight 的取值还可为数字 100、200、300、400、500、600、700、800、900，其中 400 等同于 normal，700 等同于 bold。

设置效果如下图所示。

华小智舆情监控系统		
项目公司	**主流网站信息**	**舆情评分**
阿里巴巴	1. 这是阿里巴巴在百度新闻上的第一条新闻 2. 这是阿里巴巴在百度新闻上的第二条新闻	95

现在只需把如下代码复制 4 遍，然后修改具体内容，就能得到本节目标页面中的表格。

```
1    <tr>
2        <td style="font-weight:bold">阿里巴巴</td>
3        <td style="text-align:left">
4            <ol>
5                <li>这是阿里巴巴在百度新闻上的第一条新闻</li>
6                <li>这是阿里巴巴在百度新闻上的第二条新闻</li>
7            </ol>
8        </td>
9        <td>95</td>
10   </tr>
```

最终的表格效果如下图所示。

项目公司	主流网站信息	舆情评分
	华小智舆情监控系统	
阿里巴巴	1. 这是阿里巴巴在百度新闻上的第一条新闻 2. 这是阿里巴巴在百度新闻上的第二条新闻	95
腾讯集团	1. 这是腾讯集团在百度新闻上的第一条新闻 2. 这是腾讯集团在百度新闻上的第二条新闻	85
百度集团	1. 这是百度集团在百度新闻上的第一条新闻 2. 这是百度集团在百度新闻上的第二条新闻	80
京东集团	1. 这是京东集团在百度新闻上的第一条新闻 2. 这是京东集团在百度新闻上的第二条新闻	85
华能信托	1. 这是华能信托在百度新闻上的第一条新闻 2. 这是华能信托在百度新闻上的第二条新闻	90

7.1.4 背景设置

最后为页面添加背景图片，让页面更美观。设置网页背景其实很简单，在 <body> 标签中添加 background 属性即可，代码如下：

```
1  <body background="背景.png">
```

background 是"背景"的意思，等号后的内容是背景图片的文件路径。这里的"背景.png"是相对路径，表示背景图片和 HTML 文档位于同一个文件夹下。当然，也可以根据实际需求使用绝对路径，如 background="文件夹路径\\背景.png"。此时的页面效果如下图所示。

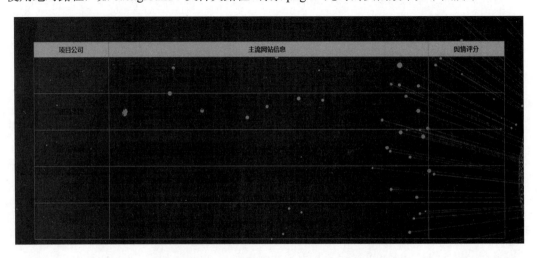

可以看到，表格中黑色的文字在深色的背景图片中变得不易辨识了，这个问题可以通过设置单元格（<td> 标签）的背景颜色来解决。和之前为表头（<th> 标签）设置背景颜色一样，都是通过 background-color 属性来进行设置。只需要在 <head> 标签下的 <style> 标签下做如下修改：

```
1   table td {border:1px solid #729EA5; padding:8px; font-family:微软雅
    黑; text-align:center; background-color:#FFFFFF}
```

其中 #FFFFFF 是白色的 HTML 颜色代码，也可以写成 white，设置效果如下图所示。

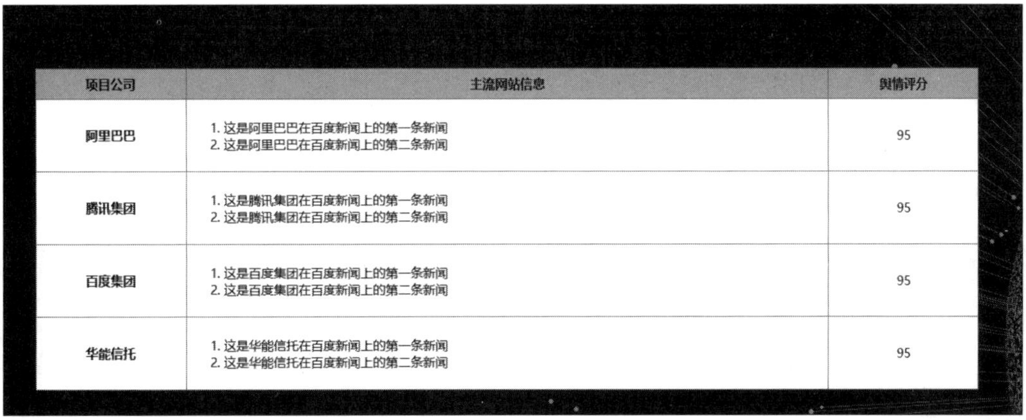

可以看到，单元格背景颜色的确变成了白色，但是完全遮盖住了背景图片，显得太"实"。因此，继续通过 opacity 属性设置背景的不透明度，同样只需要在 <style> 标签下做如下修改：

```
1   table td {border:1px solid #729EA5; padding:8px; font-family:微软雅
    黑; text-align:center; background-color:#FFFFFF; opacity:0.9}
```

opacity 是"不透明度"的意思，取值范围从 0.0（完全透明）到 1.0（完全不透明）。这里设置为 0.9，表示稍微降低单元格背景的不透明度。

黑色的标题文字"华小智舆情监控系统"在深色的背景图片中同样变得不易辨识，将其字体颜色修改成白色，代码如下：

```
1   <p style="font-family:幼圆; color:white; font-size:26px; text-align:
    center">华小智舆情监控系统</p>
```

设置效果如下图所示。

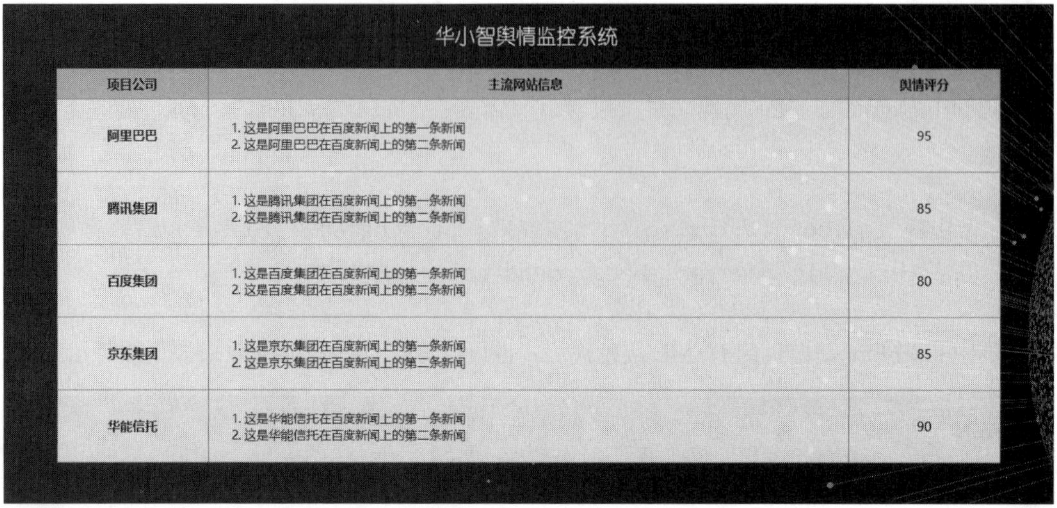

页面效果看起来已经很不错了，但是还有一个问题：在尺寸较大的显示器中查看页面时，由于背景图片的宽度不够，显示效果会变得不美观，如下图所示。

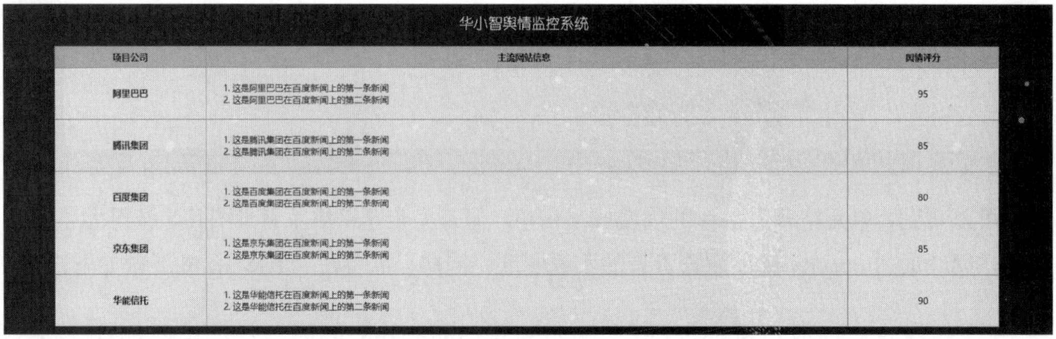

要解决这个问题，可以设置让图片自动调整大小。只需在 <style> 标签下添加如下代码：

```
1  body {background-repeat:no-repeat; background-attachment:fixed;
   background-size:100%}
```

简单讲解一下各个参数的含义：background-repeat:no-repeat 表示让背景图片在尺寸不够的情况下不要重复平铺；background-attachment:fixed 在页面内容较少时看不出其作用，但当页面内容较多需要向下滚动页面时，它可以让背景图片不会随着页面的滚动而滚动；background-size:100% 表示让背景图片自动调整大小，其宽度等于整个窗口的宽度，其高度则根据图片的原始宽高比例自动调整。此时无论显示器尺寸如何变化，都不会影响页面效果的美观度了。

最终的 HTML 文档代码内容如下，为节约篇幅，省略了除阿里巴巴外的其他 4 家公司的表格内容，完整代码见本书配套的代码文件。

```
1   <!DOCTYPE html>
2   <html>
3
4   <head>
5       <meta charset="utf-8">  <!-- 如果出现乱码，则将utf-8改为gbk -->
6       <style>
7           table {margin:auto; border-collapse:collapse; width:90%}
8           table th {border:1px solid #729EA5; padding:8px; background-
            color:#ACC8CC; font-family:微软雅黑; text-align:center}
9           table td {border:1px solid #729EA5; padding:8px; font-family:
            微软雅黑; text-align:center; background-color:#FFFFFF;
            opacity:0.9}
10          body {background-repeat:no-repeat; background-attachment:
            fixed; background-size:100%}
11      </style>
12  </head>
13
14  <body background="背景.png">
15      <p style="font-family:幼圆; color:white; font-size:26px;
        text-align:center">华小智舆情监控系统</p>
16      <table>
17          <tr>
18              <th>项目公司</th>
19              <th>主流网站信息</th>
20              <th>舆情评分</th>
21          </tr>
22          <tr>
23              <td style="font-weight:bold">阿里巴巴</td>
24              <td style="text-align:left">
25                  <ol>
26                      <li>这是阿里巴巴在百度新闻上的第一条新闻</li>
```

```
27                  <li>这是阿里巴巴在百度新闻上的第二条新闻</li>
28              </ol>
29          </td>
30          <td>95</td>
31      </tr>
32   </table>
33   </body>
34
35   </html>
```

至此，就完成了本节的目标页面制作。但是这个页面的内容是直接写在代码中的，如果想要从数据库中提取数据并动态更新到这个网页上，还要用到 Flask 框架的知识，7.2 节和 7.3 节会循序渐进地讲解。

7.2 Flask Web 编程基础

Flask 是一个使用 Python 编写的轻量级 Web 应用框架，非常适合入门者了解网站搭建的基本原理。通过 Flask，我们可以非常方便地连接 Python 代码和前端网页，从而将爬取到的数据动态地展示在网页上。

7.2.1 Flask 入门

首先要安装 Flask 库。如果是通过 Anaconda 安装的 Python，那么在命令行窗口中执行命令 "pip install Flask"，即可安装 Flask 库。

安装好 Flask 库后，先来创建一个 Flask 项目进行快速体验。在 PyCharm 中创建一个 Python 文件 "Flask 入门.py"，然后输入如下代码：

```
1   from flask import Flask
2   app = Flask(__name__)   # 注意name的前后各为两条下划线
3
4
5   @app.route('/')
6   def index():
```

```
 7        return '<h1>Hello World</h1>'
 8
 9
10   app.run()
```

这里在路由函数（第 5～7 行代码）上下各有两个空行，主要是为了配合 PyCharm 的代码编写规范，没有空行也不会影响代码运行，后续内容为了简洁只留一个空行。

运行代码，如果输出"* Running on http://127.0.0.1:5000/ (Press CTRL+C to quit)"，则说明运行成功，如下图所示。

然后在 PyCharm 的输出结果中单击网址 http://127.0.0.1:5000/，或者在浏览器的地址栏中输入该网址并打开，即可访问 Flask 文件运行时返回的信息，如右图所示。

下面来解释一下前面这段代码的具体含义。

1. 创建 app 项目

```
1    from flask import Flask
2    app = Flask(__name__)
```

第 1 行代码导入 Flask 库。第 2 行代码创建了一个 Web 应用的 Flask 类的实例，命名为

app。需要注意的是，name 的前后各为两条下划线。这两行代码可视为创建 Flask 应用程序的
固定代码，无须深究，直接套用。

2．定义路由函数

```
1    @app.route('/')
2    def index():
3        return '<h1>Hello World</h1>'
```

这 3 行代码其实是密切相关的。其中第 1 行代码用于定义路由规则。路由规则就是网址
的后缀，这里定义为 "/"，那么访问网址 http://127.0.0.1:5000/ 就能看到本地搭建的网页（其
实也可以直接访问 http://127.0.0.1:5000）。如果将这行代码改为 @app.route('/hello')，那么访问
网址时就必须添加后缀 "/hello"，即需要访问 http://127.0.0.1:5000/hello 才能看到本地搭建的
网页。

第 2 行和第 3 行代码用于定义访问上面设置的路由后看到的网页内容。index() 函数中是
网页的 HTML 代码，作为简单演示，这里只用 <h1> 标签定义了一个大标题 "Hello World"。
index() 函数的名称只是一个代号，可以修改成其他名称，如 hello()。

3．运行项目

```
1    app.run()
```

最后这行代码用 run() 函数启动 Web 服务器，会输出一个网址 http://127.0.0.1:5000/。该
网址是一个本地网址，只有自己的计算机可以访问，如果想创建一个所有人都能访问的网址，
则需要利用将在 7.5 节讲解的云服务器部署知识。

网址中的 127.0.0.1 代表 localhost（本地主机），5000 代表计算机的端口。所谓端口可以
类比 USB 插口理解为计算机中的虚拟插口。计算机的 IP 地址通常有限，但是端口很多，因
此可以分配不同的端口干不同的事。5000 是 Flask 的默认端口，也可以自定义设置，下面的 "补
充知识点 1" 中会做讲解。

补充知识点 1：app.run() 中的参数设置

在 app.run() 中可以设置参数，主要设置端口参数 port、调试参数 debug、IP 地址参
数 host。

（1）端口参数 port

如果不想使用默认的 5000 端口，可以通过设置 port 参数来指定端口。例如，将端口设置为 8080 的代码如下：

```
1    app.run(port=8080)
```

重新运行代码，输出的网址就变成了 http://127.0.0.1:8080，单击该网址打开的页面如下左图所示。

如果把 port 参数改为 80，输出的网址是 http://127.0.0.1:80/，单击网址后打开的页面如下右图所示，可以看到地址栏中显示的网址只有 IP 地址，没有端口。

这是因为 80 端口是为 HTTP 开放的默认端口，所以即使在地址栏中输入网址时添加了 80 端口，浏览器也会将其省略。因此，如果将端口设置为 80，那么就可以直接使用 IP 地址或域名来访问网站，无须额外输入端口。7.4 节将代码部署到服务器时，就是使用的 80 端口。

需要注意的是，WampServer 中的 Apache 服务可能会占用 80 端口。如果在 Flask 项目中设置了 80 端口并同时运行 WampServer，那么 Flask 项目就会在运行时报错。此时需要修改 Apache 服务的端口：右击启动后的 WampServer 图标，在弹出的快捷菜单中选择"Tools"选项，然后选择 Apache 服务下的"Use a port other than 80"命令，再将端口改成与 Flask 项目不同的端口。

在本地调试 Flask 项目时，如果想同时运行多个项目，最好不同项目使用不同端口，否则可能会产生冲突。或者先关闭不调试的项目，然后运行要调试的项目。

（2）调试参数 debug

通常我们不能一步到位把所有代码都编写完毕，因此需要进行代码调试。如果按之前的方法编写代码，那么每次修改代码后，都得重新启动项目才能更新修改的内容，这样就不太方便调试代码。为便于边修改代码边更新项目，可以在 run() 函数中传入 debug 参数，并将其设置为 True（默认值为 False），以启用 debug 模式（即调试模式），代码如下：

```
1    app.run(debug=True)
```

举例来说，将 debug 参数设置为 True 后，如果把之前 index() 函数中的"Hello World"改为"Hello 华小智"，然后在浏览器中刷新网页，就能看到网页上的"Hello World"变成"Hello 华小智"，而如果不设置 debug 参数，刷新网页时不会更新内容。

需要注意的是，将 debug 参数设置为 True 后，会自动更新的主要是前端代码，如果后端代码（如 Python 文件中的代码）发生了改变，那么建议还是重新启动项目。

（3）IP 地址参数 host

通常默认的 IP 地址是本机地址 127.0.0.1，在进行本机调试时用这个默认值完全足够。如果想在服务器上部署，则需要将 IP 地址参数 host 设置为 0.0.0.0，然后将端口参数 port 设置为 80，这样其他人才能通过服务器的公网 IP 地址或 IP 地址对应的域名直接访问网站。这个知识点目前简单了解即可，7.5 节会详细讲解。

```
1    app.run(host='0.0.0.0', port=80)
```

总体来说，在本地编写 Flask 项目时通常只需要激活 debug 参数，以方便调试代码；而将项目真正部署到服务器时，则需要设置 host 参数和 port 参数。

补充知识点 2："if __name__ == '__main__':"在 Flask 项目中的作用

有些 Flask 项目会在 app.run() 上方加上一行 if __name__ =='__main__':，如下所示：

```
1    if __name__ == '__main__':
2        app.run()
```

下面来解释这行代码的含义。一个 Python 文件有两种使用方法：一种是直接执行；另一种是通过 import 语句导入到其他 Python 文件中执行，例如，import requests 其实调用的就是 Python 文件"requests.py"。"if __name__ =='__main__':"的作用就是控制在这两种情况下执行代码的过程。在这行代码下的代码只有在第一种情况下才会被执行，在第二种情况下则不会被执行。这是因为每个 Python 文件其实都有一个内置名字 __main__，而 __name__ 是每个 Python 文件的内置属性。感兴趣的读者可以在 Python 文件中输入 print(__name__) 后运行，会发现打印输出结果就是 __main__。

因此，加上"if __name__ == '__main__':"后，如果是直接运行该 Python 文件，就会执行 app.run()，如果是在其他 Python 文件中通过 import 语句导入该 Python 文件，就不会执行 app.run()，其目的主要是防止在引用时执行不必要的代码。

本书的 Flask 项目不会在其他文件内引用该 Python 文件，可直接写 app.run()。不过为了符合 Flask 编程的主流习惯，在正式项目中建议尽量加上"if __name__ == '__main__':"。

7.2.2 用 render_template() 函数渲染页面

7.2.1 节把 HTML 代码直接写在主代码文件"Flask 入门.py"中，但在实战中往往不会这样做，因为实战中通常强调"前后端分离"，也就是不把 HTML 等前端代码和 Python 等后端代码混淆在一起。虽然把前后端代码写在一起并不影响代码运行，但是不利于项目维护，同时也增加了代码的阅读难度。

实战中的做法是创建一个 HTML 文档，然后在 Python 代码中调用这个 HTML 文档，这样代码既简洁，又方便调试。下面就来讲解如何在 Flask 框架中调用 HTML 文档。

1. 调用 HTML 文档

要在 Flask 中调用外部的 HTML 文档，必须先在代码所在的文件夹下创建一个名为"templates"的文件夹，用于存放 HTML 等前端文件，如下图所示。templates 是"模板"的意思，表示这个文件夹是用来存放 HTML 模板文档的，这个名称是 Flask 框架规定的，不可更改。

templates	2020/11/5 13:09	文件夹	
Flask入门.py	2020/11/5 13:07	JetBrains PyChar...	1 KB

然后在文件夹"templates"下新建一个名为"hello.html"的 HTML 文档（可以先新建一个扩展名为".txt"的文本文件，然后将扩展名改成".html"），用 PyCharm 打开这个 HTML 文档，输入如下代码：

```
1    <h1>Hello World</h1>
```

这里为了简化演示只写了一行 HTML 代码，严格来说是不规范的，但并不会影响页面的显示效果。如果想写得更加规范，可以按照 7.1 节的讲解加上 <!DOCTYPE html>、<html>、</html> 等标签。

双击这个 HTML 文档可以看到网页中显示"Hello World"，下面就可以在 Flask 项目的

Python 代码中调用这个 HTML 文档。代码非常简单，如下所示：

```
1   from flask import Flask
2   from flask import render_template
3   app = Flask(__name__)
4
5   @app.route('/')
6   def index():
7       return render_template('hello.html')
8
9   app.run()
```

下面分析一下上述代码与 7.2.1 节代码的主要区别。首先是添加了第 2 行代码，其中 render 是"渲染"的意思，render_template 就是"渲染模板"的意思。然后在第 5～7 行的路由函数中把 return '<h1>Hello World</h1>' 改为 return render_template('hello.html')，表示用 render_template() 函数调用文件夹"templates"中的 HTML 文档"hello.html"进行渲染。

此时再次访问 http://127.0.0.1:5000/，可以看到与 7.2.1 节相同的页面，如右图所示。

有些读者可能会不明白这样做的意义。简单来说，之前制作的 HTML 文档的内容都是在代码中写"死"的，写什么内容就展示什么内容，无法进行动态更新。而用 render_template() 函数渲染页面主要就是为了通过前后端交互实现内容的动态更新。下面就来讲解如何实现 HTML 文档和 Python 文件的交互。

2．传入参数：前后端进行交互

前面初步演示了 render_template() 函数的用法，下面对"hello.html"中的前端 HTML 代码稍加修改，代码如下：

```
1   <h1>Hello {{ name }}</h1>
```

这段代码很像原来的 HTML 代码，但它其实是一段 HTML 模板代码。其中的 name 位于双层大括号中，不再是一个固定值，而是一个变量，render_template() 函数会在渲染页面时根据变量 name 的值（如后端的 Python 代码传来的值）显示不同的内容。

> **注意**：此时如果直接在浏览器中打开"hello.html"，页面中显示的会是"Hello {{ name }}"，这是因为 HTML 模板文档需要和 Flask 等 Python 框架配合使用才能发挥作用。

关于 HTML 模板文档的语法，只需要记住两种特殊符号，如下表所示。

HTML 模板文档特殊符号	作用
{{ }}	可以在中间填写变量
{% %}	可以在中间填写 if、for 等控制语句

修改完前端的 HTML 模板文档，接着修改后端的 Python 文件，代码如下：

```
1  from flask import Flask
2  from flask import render_template
3  app = Flask(__name__)
4
5  @app.route('/')
6  def index():
7      name = '华小智'
8      return render_template('hello.html', name=name)
9
10 app.run(debug=True)
```

运行代码后，在浏览器中打开网址 http://127.0.0.1:5000/，可以看到把 Python 文件中定义的变量值传入了 HTML 模板文档，如右图所示。

这个例子虽然简单，却蕴含着数据前后端交互的核心原理，之后从数据库获取的舆情数据都会以类似的方式展示在前端页面。

这里的代码和之前的代码的主要区别是在第 7 行定义了一个变量 name，然后在第 8 行的 render_template() 函数中传入 name=name。注意这两个 name 的含义不同：等号前的 name 对应 HTML 模板文档中的变量 name，等号后的 name 则对应 Python 文件中定义的变量 name。假设将第 7 行的变量名改为 hhh，则第 8 行也要相应改为 name=hhh，代码如下：

```
1      hhh = '华小智'
2      return render_template('hello.html', name=hhh)
```

同理，如果在 HTML 模板文档中更改了变量名，则在 Python 代码中也要做相应更改。

如果想传递多个参数，例如，"hello.html" 的内容为 <h1>Hello {{ name }}, {{ age }}</h1>，那么在 render_template() 函数中传入两个参数 name 和 age 即可，代码如下：

```
1    name = '华小智'
2    age = '28'
3    return render_template('hello.html', name=name, age=age)
```

此外，第 10 行代码按照 7.2.1 节 "补充知识点 1" 的讲解，通过在 app.run() 中传入参数 debug=True 来激活调试模式，这样每次修改代码后无须重新启动项目，直接刷新网页就可以看到更新结果。例如，读者可以把 "华小智" 改成自己的名字，然后无须重新运行代码，直接刷新网页，就能看到内容已自动更新。

如果页面中的中文显示为乱码，可以在 HTML 模板文档中添加 <head> 标签并设置编码格式，代码如下：

```
1    <!DOCTYPE html>
2    <html>
3    <head>
4        <meta charset="utf-8">  <!-- 如果出现乱码，则将utf-8改为gbk -->
5    </head>
6    <body>
7        <h1>Hello {{ name }}</h1>
8    </body>
9    </html>
```

3. 循环语句

前面演示的网页比较简单，只有一行内容。如果要显示多行类似的内容，可将 HTML 代码复制多次再分别修改，但这样显得很烦琐。在 HTML 模板文档里通过 {% %} 符号可以调用 for 循环语句，从而通过简短的代码显示多条内容。将 "hello.html" 的内容修改成如下代码：

```
1    {% for i in name %}
2        <h1>Hello {{ i }}</h1>
3    {% endfor %}
```

可以看到这里的 for 循环语句和 Python 的 for 循环语句类似，主要区别是在 HTML 模板
文档中需要用 {% %} 包围 if、for 等控制语句，用 {{ }} 包围要显示的变量，并且还需要用
endfor 结束循环。

修改完前端的 HTML 模板文档，接着修改后端的 Python 文件，代码如下：

```python
from flask import Flask
from flask import render_template
app = Flask(__name__)


@app.route('/')
def index():
    name = ['华小智', '百度', '阿里巴巴']
    return render_template('hello.html', name=name)

app.run(debug=True)
```

和之前代码的唯一区别是第 7 行的 name 不是一个简单的字符串，而是一个列表。把这
个列表传入 HTML 模板文档中后，Flask 就会通过 HTML 代码中的 for 循环语句批量调取列
表的元素。

运行代码后得到的网页内容如右图所示，
可以看到 for 循环语句依次调取了列表的所
有元素并渲染在页面中。

这个知识点比较重要，7.3.2 节显示多家
公司的舆情监控信息时会用到。

4．判断语句

学习了如何在 HTML 模板文档中执行循环语句，接着学习判断语句的执行。演示代码如
下，可以看到和 Python 中的 if 判断语句的主要区别是要用 {% %} 包围语句，并且要用 endif
结束判断。

```html
{% if name == '华小智' %}
    <h1>Hello, 主人</h1>
```

```
3    {% else %}
4        <h1>Hello {{ name }}</h1>
5    {% endif %}
```

上述代码的逻辑是，如果在 Python 文件中传入的值是 '华小智'，那么网页上显示的是
"Hello，主人"，否则显示 "Hello 传入值"。读者可以自行运行代码查看效果。

7.2.3　用 Flask 连接数据库

现在已经能够用 render_template() 函数进行前后端交互实现动态渲染页面，那么如果要
渲染的数据存储在 MySQL 数据库中，又该如何获取呢？我们可以用 PyMySQL 库或 flask_
sqlalchemy 库（Flask 的专属库，可用命令 "pip install flask_sqlalchemy" 安装）连接 MySQL
数据库并获取数据。这两个库的用法不太一样，但是代码执行效率并无明显区别。为减轻学
习负担，这里不讲解 flask_sqlalchemy 库，只讲解 PyMySQL 库。MySQL 数据库的知识参见《零
基础学 Python 网络爬虫案例实战全流程详解（入门与提高篇）》的第 6 章。

1．创建数据库和数据表

首先通过 WampServer 或 XAMPP 打开数据库管理平台 phpMyAdmin，然后新建一个名为
"pachong" 的数据库（注意选择 utf8_general_ci 编码格式），如下图所示。

然后在数据库中新建一个名为 "test" 的数据表，字段数设置为 6，也就是有 6 列，单击
右下角的 "执行" 按钮，如下图所示。

接着依次设置 6 个字段。字段名为 company、title、href、date、source、score，分别对应

公司名称、新闻标题、新闻网址、新闻日期、新闻来源、舆情评分。字段类型除了 score 设置成 INT（整数型），其他都设置成 VARCHAR（字符串型）。字段长度（数据的最大长度）除了 score 设置成 128，其他都设置成 1024。因为在创建数据库时已设置了 utf8_general_ci 编码格式，所以这里无须再设置排序规则（即编码格式）。设置完毕后，单击右下角的"保存"按钮，如下图所示，完成数据表的创建。

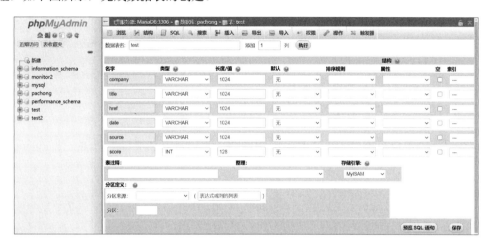

此时数据表里还没有数据。熟悉 PyMySQL 库用法的读者可以编写代码爬取一些数据并写入数据表。这里为了快速进行演示，单击上图工具栏中的"插入"按钮，然后手动输入一些数据（注意网址要加上前缀 http 或 https，如 https://www.baidu.com/）。如下图所示，输入内容后，单击"执行"按钮即可添加数据。

如果之前已经爬取了一些数据并保存为 Excel 工作簿，也可将 Excel 工作簿中的数据批量写入数据表，代码如下：

```
1   import pandas as pd
2   from sqlalchemy import create_engine  # 需用pip命令安装sqlalchemy库
3   engine = create_engine('mysql+pymysql://root:@localhost:3306/
    pachong')  # 创建数据库连接
4   df = pd.read_excel('百度新闻-带评分.xlsx')  # 读取Excel工作簿
5   df.to_sql('test', engine, index=False, if_exists='append')  # 将读
    取的数据写入数据表，各参数含义为：数据表、数据库连接、忽略行索引、如果数
    据表已存在则追加数据
```

2．连接数据库并获取数据

在数据表中添加数据后，在 PyCharm 中新建一个项目，在项目中新建一个 Python 文件
"app.py"，然后在其中输入如下代码：

```
1    from flask import Flask, render_template
2    import pymysql
3    app = Flask(__name__)
4
5    db = pymysql.connect(host='localhost', port=3306, user='root',
     password='', database='pachong', charset='utf8')
6    cur = db.cursor()  # 获取会话指针，用来调用SQL语句
7    sql = 'SELECT * FROM test WHERE company = "阿里巴巴"'
8    cur.execute(sql)  # 执行SQL语句
9    data = cur.fetchall()  # 提取数据（核心代码）
10   cur.close()  # 关闭会话指针
11   db.close()  # 关闭数据库连接
12
13   @app.route('/')
14   def index():
15       return render_template('index.html', data=data)
16
17   app.run(debug=True)
```

第 1 行、第 3 行、第 13～17 行是与 Flask 相关的代码，已在 7.2.1 节和 7.2.2 节讲解过。

其中第 1 行代码将 Flask 和 render_template 同时导入，算是一个代码简写的小技巧。第 15 行代码传入 HTML 模板文档的是变量 data，它就是第 5～11 行代码从数据库中获取的数据。

第 2 行、第 5～11 行则是与数据库相关的代码。第 2 行代码导入 PyMySQL 库。第 5 行代码连接数据库，connect() 函数中各参数的含义为：host 表示 MySQL 数据库所在主机的 IP 地址，这里的 'localhost' 代表本机；port 表示 MySQL 数据库的端口，默认值为 3306；user 为登录账号，默认值为 root；password 为登录密码，默认值为空值（如果不是空值则尝试设置为 root）；database 表示连接的数据库的名称；charset 表示数据的编码格式。第 6 行代码获取会话指针，用来调用 SQL 语句。

第 7 行代码编写 SQL 语句，查询数据表"test"中所有公司名称为"阿里巴巴"的数据。要注意单双引号的嵌套用法，也可以用双引号包围整个 SQL 语句，然后用单引号包围"阿里巴巴"。或者用占位符的方式编写 SQL 语句，代码如下：

```
company = '阿里巴巴'
sql = 'SELECT * FROM test WHERE company = %s'
cur.execute(sql, company)
```

第 8～11 行代码分别用于执行 SQL 语句、提取数据、关闭会话指针和关闭数据库连接。这里只是读取数据，没有改变数据表的结构，如果改变了数据表的结构（如往数据表里写入了数据），则还需要在 cur.close() 的上方加上一行 db.commit() 来更新数据表。

打印输出获取的 data，结果如下图所示。可以看到 data 是一个二维元组（可以将元组理解为列表，用法类似，区别在于元组用小括号包围元素且内容不可修改），大元组里嵌套着多个小元组，每个小元组里则是公司名称、新闻标题、新闻网址、新闻日期、新闻来源、舆情评分等具体的数据内容。

3．在网页中渲染数据

前面已经从数据库获取数据并传入前端的 HTML 模板文档，现在就需要编写 HTML 模板文档。

在 PyCharm 中右击项目名称，在弹出的快捷菜单中执行"New>Directory"命令，输入文件夹名称"templates"，按【Enter】键，即可在 Python 文件"app.py"所在的文件夹中新建一

个文件夹"templates"。然后右击文件夹"templates"，在弹出的快捷菜单中执行"New>HTML

File"命令，输入文件名"index"，按【Enter】
键，即可在文件夹"templates"中新建一个文件
"index.html"，效果如右图所示。

在"index.html"中编写如下所示的代码：

```
1   {% for i in data %}
2       <p>{{ i[1] }}</p>
3   {% endfor %}
```

第 1 行代码中的 data 就是从数据库获取的所有与阿里巴巴相关的新闻数据，i 则是每条
新闻的数据（包含公司名称、新闻标题、新闻网址、新闻来源、新闻日期、舆情评分）；第 2
行代码中的 i[1] 代表第 2 列数据（Python 中序号从 0 开始），即新闻标题，这里使用 <p> 标
签包围新闻标题。运行代码后渲染出的页面效果如右图所示，可以看到已将从数据库读取的新闻标题渲染在网页上了。

> 阿里巴巴-SW:泛电商积极求变,云计算盈利在即
> 上汽集团与阿里巴巴集团达成新零售战略合作
> 大和:阿里巴巴目标价升至350港元 维持买入评级
> 阿里巴巴美股和港股双双下跌 一度跌超9%
> 阿里巴巴的核心电商业务还那么"核心"么

如果需要为每条新闻标题设置对应的链接，可在
<p> 标签中嵌套 <a> 标签，代码如下：

```
1       <p><a href={{ i[2] }}>{{ i[1] }}</a></p>
```

其中 i[2] 代表第 3 列数据，即新闻网址。渲染效
果如右图所示，此时单击链接会在原窗口中打开相关
网页。

> 阿里巴巴-SW:泛电商积极求变,云计算盈利在即
> 上汽集团与阿里巴巴集团达成新零售战略合作
> 大和:阿里巴巴目标价升至350港元 维持买入评级
> 阿里巴巴美股和港股双双下跌 一度跌超9%
> 阿里巴巴的核心电商业务还那么"核心"么

如果想在新窗口中打开相关网页，则可以为 <a>
标签加上 target="_blank"，代码如下：

```
1       <p><a href={{ i[2] }} target="_blank">{{ i[1] }}</a></p>
```

最后按照 HTML 的规范对 HTML 模板文件进行完善，结果如下：

```
1   <!DOCTYPE html>
2   <html>
```

```
3    <head>
4        <meta charset="utf-8">
5        <title>舆情监控</title>
6    </head>
7    <body>
8        {% for i in data %}
9            <p><a href={{ i[2] }}>{{ i[1] }}</a></p>
10       {% endfor %}
11   </body>
12   </html>
```

其中第 5 行代码的 <title> 标签用于设置
显示在浏览器标签栏里的文本，如右图所示。

7.3　Flask Web 编程实战

本节要对前面所学的内容进行实战演练，获取数据库中的数据并以美观的方式展示在网页上。

7.3.1　展示单家公司的数据

从最简单的展示单家公司的数据入手，完成 HTML 模板文档的制作。

1．数据表格化展示

在 7.2.3 节制作完成的 HTML 模板文件的基础上，利用 7.1 节讲解的 <table> 等表格相关标签设计表格，代码如下：

```
1    <!DOCTYPE html>
2    <html>
3    <head>
4        <meta charset="utf-8">
```

```
5          <title>舆情监控</title>
6      </head>
7      <body>
8          <table>
9              {% for i in data %}
10             <tr>
11                 <td>{{ i[0] }}</td>
12                 <td><a href={{ i[2] }}>{{ i[1] }}</a></td>
13                 <td>{{ i[5] }}</td>
14             </tr>
15             {% endfor %}
16         </table>
17     </body>
18 </html>
```

上述代码的核心是第 8 ～ 16 行，其中 <table> 标签表示表格，<tr> 标签表示表格的一行，<td> 标签表示一个单元格。运行"app.py"，渲染出的页面如下图所示。

← → C ① 127.0.0.1:5000	
阿里巴巴 阿里巴巴-SW:泛电商积极求变,云计算盈利在即	90
阿里巴巴 上汽集团与阿里巴巴集团达成新零售战略合作	95
阿里巴巴 大和:阿里巴巴目标价升至350港元 维持买入评级	90
阿里巴巴 阿里巴巴美股和港股双双下跌 一度跌超9%	65
阿里巴巴 阿里巴巴的核心电商业务还那么"核心"么	85
阿里巴巴 移动月活近9亿!阿里巴巴新财季收入1550亿	90
阿里巴巴 阿里巴巴:第二季度营收1550.6亿元人民币	95
阿里巴巴 11月4日美股三大指数大幅收涨,阿里巴巴逆势大跌逾8%	65
阿里巴巴 阿里巴巴:季绩现疲态,云计算能否拯救未来?	85
阿里巴巴 阿里巴巴减持后,美年健康连跌5天,市值缩水200亿	70

2. 初步美化页面

此时的页面还比较简陋，下面对页面进行初步美化。按照 7.1 节讲解的知识，在 <head> 标签下添加 <style> 标签，用于设计表格和背景的样式，使表格和背景更加美观，代码如下：

```
1  <head>
2      <meta charset="utf-8">
```

```
3      <title>舆情监控</title>
4      <style>
5          table {margin:auto; border-collapse:collapse; width:90%}
6          table th {border:1px solid #729EA5; padding:8px; background-
           color:#ACC8CC; font-family:微软雅黑; text-align:center}
7          table td {border:1px solid #729EA5; padding:8px; font-family:
           微软雅黑; text-align:center; background-color:#FFFFFF; opacity:
           0.9}
8          body {background-repeat:no-repeat; background-attachment:fixed;
           background-size:100%}
9      </style>
10 </head>
```

第 5 行代码设计的是 <table> 标签的样式，即表格的整体样式；第 6 行代码设计的是 <th> 标签的样式，即表头的样式；第 7 行代码设计的是 <td> 标签的样式，即表格单元格的样式；第 8 行代码设计的是 <body> 标签的样式，即网页的整体样式，这里主要设计了背景的样式。

然后在 <body> 标签下构造表格，代码如下：

```
1  <body background="static/背景.png">
2      <p style="font-family:幼圆; color:white; font-size:26px; text-
       align:center">华小智舆情监控系统</p>
3      <table>
4          {% for i in data %}
5          <tr>
6              <td style="font-weight:bold">{{ i[0] }}</td>
7              <td style="text-align:left"><a href={{ i[2] }}>{{ i[1] }}
               </a></td>
8              <td>{{ i[5] }}</td>
9          </tr>
10         {% endfor %}
11     </table>
12 </body>
```

其中第 2 行代码用于添加一个段落作为标题。需要重点讲解的是第 1 行代码中背景图片的设置。在 Flask 框架中，所有静态的第三方文件（如图片、视频等）都必须存放在 Python 文件所在文件夹中的文件夹"static"下，如下图所示。然后在 Python 文件和 HTML 模板文档中以相对路径"static/×××"的方式引用静态文件。因此，这里新建文件夹"static"，将背景图片文件"背景.png"放在该文件夹下，然后在第 2 行代码中以 <body background="static/背景.png"> 的方式引用背景图片。

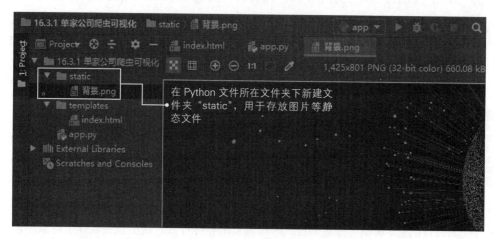

渲染出的页面如下图所示，可以看到增加的背景图片以及设置的表格样式和背景色，页面明显比之前美观了许多。

接着对一个细节——网页图标进行美化。默认的网页图标如右图所示，我们可以将其替换为自定义的图标。

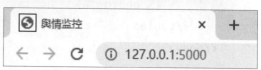

准备好要使用的图标文件"logo.png"，和背景图片文件一样放在文件夹"static"下，再

在 <head> 标签下利用 <link> 标签引用图标文件，代码如下：

```
1    <link rel="icon" href="static/logo.png">
```

渲染后网页图标变为如右图所示的效果。

3．进一步美化页面

在初步美化的基础上做进一步的美化：添加表头，合并公司名称的单元格，为每条新闻添加序号，合并舆情评分的单元格。代码如下：

```
1    <table>
2        <tr>
3            <th>项目公司</th>
4            <th>主流网站信息</th>
5            <th>当日评分</th>
6        </tr>
7        <tr>
8            <td style="font-weight:bold">{{ '阿里巴巴' }}</td>
9            <td style="text-align:left">
10               <ol>
11                   {% for i in data %}
12                       <li><a href={{ i[2] }}>{{ i[1] }}</a></li>
13                   {% endfor %}
14               </ol>
15           </td>
16           <td>{{ 90 }}</td>
17       </tr>
18   </table>
```

第 3～5 行代码用 <th> 标签给表格添加表头；第 8 行代码设置第 1 个单元格的内容，这里先设置为固定值"阿里巴巴"，在 7.3.2 节会讲解如何动态显示数据；第 9～15 行代码设置第 2 个单元格的内容为每条新闻的标题和链接，并用有序列表的相关标签为每条新闻添加序号；

第 16 行代码设置第 3 个单元格的内容为汇总后的舆情评分，这里先设置为固定值 90，在 7.3.3
节会讲解如何动态显示数据。

最终的美化效果如下图所示。

现在已经搭建好了一个 HTML 模板文档，接下来还需要解决以下 4 个问题：

❶这里只展示了一家公司的数据，如果想同时展示多家公司的数据该如何实现？

❷这里的当日评分是一个固定值，如果想获取真实评分并动态显示该如何实现？

❸如果只想展示阿里巴巴当天的新闻内容该如何实现？

❹如果只想展示阿里巴巴当天的负面新闻该如何实现？

7.3.2 节到 7.3.5 节将分别解决这 4 个问题。

7.3.2　展示多家公司的数据

要展示多家公司的数据，一个简单的方法是把相关代码重复写几遍，但是，这种方法在
公司数量较多时效率太低。更高效的做法是在 Python 中获取多家公司的数据，再通过 Flask
批量渲染到 HTML 模板文档中，代码如下：

```
from flask import Flask, render_template
import pymysql
app = Flask(__name__)

def database(keyword):
    db = pymysql.connect(host='localhost', port=3306, user='root',
    password='', database='pachong', charset='utf8')
```

```
7      cur = db.cursor()  # 获取会话指针，用来调用SQL语句
8      sql = 'SELECT * FROM test WHERE company = %s'
9      cur.execute(sql, keyword)  # 执行SQL语句
10     data = cur.fetchall()  # 提取数据
11     cur.close()  # 关闭会话指针
12     db.close()   # 关闭数据库连接
13     return data
14
15  data_all = {}
16  companys = ['华能信托', '阿里巴巴', '百度集团']
17  for i in companys:
18      data_all[i] = database(i)
19
20  @app.route('/')
21  def index():
22      return render_template('index.html', data_all=data_all)
23
24  app.run(debug=True)
```

上述代码的核心是第 5 ~ 18 行。第 5 ~ 13 行代码定义了一个函数 database()，方便之后从数据库中批量获取不同公司的数据。其中第 8 行代码用占位符 %s 来编写 SQL 语句；第 13 行代码设置函数的返回值为 data，即指定公司的所有新闻数据。

第 15 ~ 18 行代码先创建一个空字典 data_all，然后用 for 循环语句遍历列表 companys 中的公司名称，调用 database() 函数获取指定公司的新闻数据。第 18 行代码表示以公司名称 i 作为键（data_all[i]），指定公司的新闻数据 database(i) 作为值，存入字典 data_all。data_all 的打印输出结果如下图所示。第 22 行代码将字典 data_all 传入 HTML 模板文档。

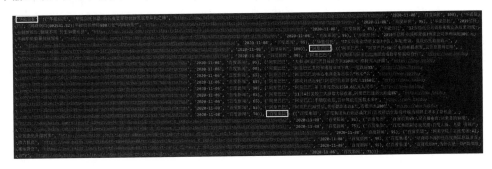

根据 Python 代码调整 HTML 模板文档。7.3.1 节传入的数据是元组，而现在传入的数据是字典，需要更改循环的方式，代码如下：

```
1   <table>
2     <tr>
3         <th>项目公司</th>
4         <th>主流网站信息</th>
5         <th>当日评分</th>
6     </tr>
7     {% for key, value in data_all.items() %}
8         <tr>
9             <td style="font-weight:bold">{{ key }}</td>
10            <td style="text-align:left">
11                <ol>
12                    {% for i in value %}
13                        <li><a href={{ i[2] }}>{{ i[1] }}</a></li>
14                    {% endfor %}
15                </ol>
16            </td>
17            <td>{{ 90 }}</td>
18        </tr>
19    {% endfor %}
20  </table>
```

上述代码的核心是第 7 行和第 12 行的 for 循环语句组成的嵌套循环。第 7 行代码中的 data_all.items() 为字典的遍历方式，key 和 value 分别对应字典的键和值。这里 key 是公司名称，value 是一个二维元组，其中存储着该公司的所有新闻数据。第 12～14 行代码再对 value 进行遍历，从而显示每条新闻。

技巧：下面用一个简单的例子来演示遍历字典的 items() 函数，代码如下：

```
1   a = {'小王': '90分', '小明': '80分', '小张': '100分'}
2   for key, value in a.items():
3       print(key)    # 依次打印输出键
4       print(value)   # 依次打印输出键对应的值
```

运行结果如下：

```
1    小王
2    90分
3    小明
4    80分
5    小张
6    100分
```

运行代码后渲染出的页面如下图所示，可以看到已经实现了展示多家公司的数据，但是舆情评分还是固定值，下一节将解决这个问题。

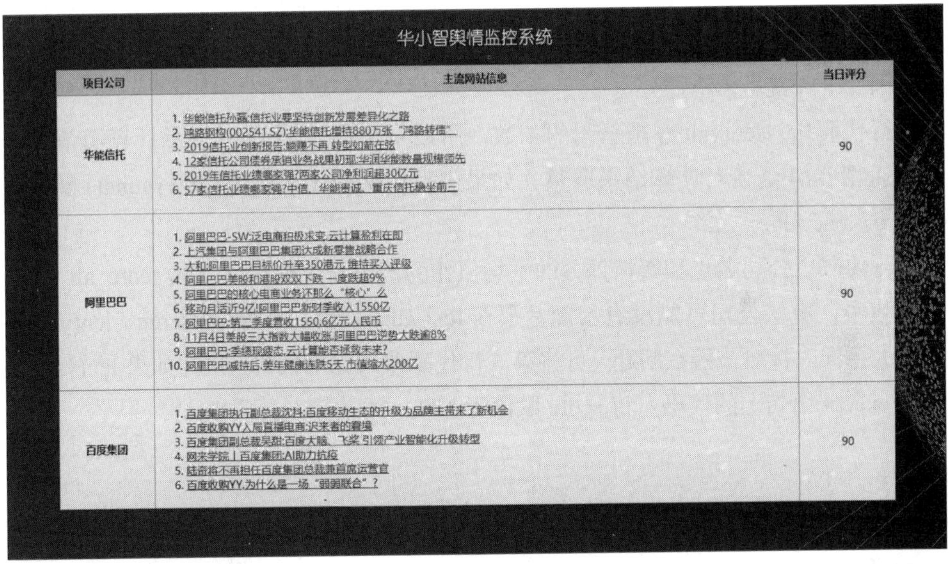

7.3.3　展示舆情评分

7.3.2 节没有对舆情评分做处理，而是先用一个固定值 90 来进行演示。本节则会对舆情评分进行汇总和动态展示。

首先需要对一家公司的每条新闻的舆情评分进行累加，再求平均值，作为该公司的舆情评分。例如，在数据库中查询到"华能信托"有 3 条新闻，评分分别为 80、90、100，那么该公司的舆情评分就是这 3 个数的平均值 90。根据该逻辑编写出如下代码：

```
1    score_all = {}
```

```
2    for key, value in data_all.items():
3        score = 0
4        for i in value:
5            score += i[5]  # 也可以写成score = score + i[5]
6        score = int(score / len(value))
7        score_all[key] = score
```

第 1 行代码创建了一个空字典 score_all，用来存储计算出的每家公司的舆情评分。

第 2 行代码用 for 循环语句遍历 7.3.2 节获得的字典 data_all。

第 3 行代码创建一个变量 score 并赋值为 0。

第 4 行和第 5 行代码用 for 循环语句遍历当前公司的每条新闻，然后对每条新闻的评分进行累加。其中 i 为每条新闻的公司名称、新闻标题、新闻网址、新闻日期、新闻来源、舆情评分，因此 i[5] 就是舆情评分。

第 6 行代码中，len(value) 是新闻的条数，所以 score / len(value) 表示计算舆情评分的平均值，然后用 int() 函数对计算结果取整。如果想保留两位小数，可以用 round() 函数，写成 round(score / len(value), 2)。

第 7 行代码以公司名称和舆情评分的平均值作为键值对，保存到字典 score_all 中。

在实战中，有些公司可能没有新闻，那么 len(value) 就为 0，导致 score / len(value) 产生除数为 0 的错误。针对该潜在问题，可将第 6 行代码改成如下代码，这样如果 len(value) 为 0，就会执行 except 语句下的代码，将 score 赋值为 100。

```
1    try:
2        score = int(score/len(value))
3    except:
4        score = 100
```

此时的 score_all 打印输出结果如下：

```
1    {'华能信托': 95, '阿里巴巴': 83, '百度集团': 83}
```

获得 score_all 后，为将其传入 HTML 模板文档，需对路由函数做相应修改，代码如下：

```
1    @app.route('/')
2    def index():
```

```
3       return render_template('index.html', data_all=data_all, score_
        all=score_all)
```

修改完 Python 代码，就可以对 HTML 模板文档进行调整。将 7.3.2 节制作的 HTML 模板
文档中倒数第 4 行的 <td>{{ 90 }}</td> 改成如下代码：

```
1   <td>{{ score_all[key] }}</td>
```

这样在通过 {% for key, value in data_all.items() %} 遍历每家公司时，就可以通过 score_
all[key] 获得相关公司的舆情评分。此时渲染出的页面如下图所示，已经可以准确展示每家公
司的舆情评分了。

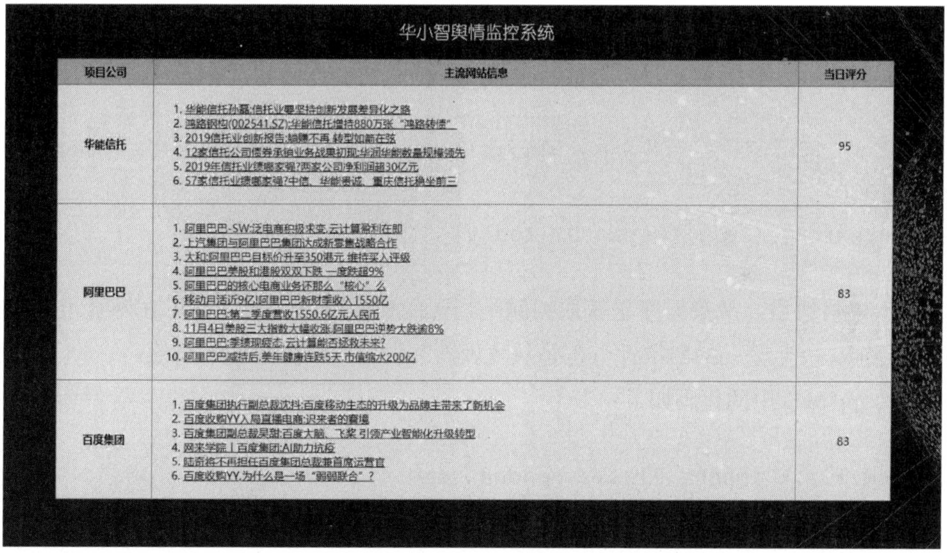

7.3.4 只展示当天新闻

要在页面中只展示当天新闻，需要获取当天的日期，然后在数据库中查询数据时加上这
个限制条件。先导入用于处理日期和时间数据的 datetime 库，然后获取当天的日期，代码如下：

```
1   import datetime
2   today = datetime.datetime.now()
3   today = today.strftime('%Y-%m-%d')
```

最后修改 SQL 语句中的查询条件，推荐使用占位符来编写 SQL 语句，代码如下：

```
1  sql = 'SELECT * FROM test WHERE company = %s and date = %s'
2  cur.execute(sql, (keyword, today))  # 执行SQL语句
```

也可以用字符串拼接的方式来编写 SQL 语句，不过当变量较多时会显得不够简洁：

```
1  sql = "SELECT * FROM test WHERE company = '" + company + "'" + " and
   date = '" + today + "'"
```

7.3.5 只展示负面新闻

只展示负面新闻的思路和只展示当天新闻的思路是一样的：在 SQL 语句中增加一个判断条件，例如，将评分小于 100 的单条新闻判定为负面新闻。代码如下：

```
1  sql = 'SELECT * FROM test WHERE company = %s and date = %s and score
   < 100'
2  cur.execute(sql, (keyword, today))  # 执行SQL语句
```

做了上述修改后，从数据库里获取的就是当天的负面新闻，故而显示在网页上的也是当天的负面新闻，并且公司的舆情评分也是从负面新闻的评分计算出的平均值。

最终 "app.py" 中的代码如下：

```
1  from flask import Flask, render_template
2  import pymysql
3  import datetime
4  app = Flask(__name__)
5
6  today = datetime.datetime.now()
7  today = today.strftime('%Y-%m-%d')
8
9  def database(keyword):
10     db = pymysql.connect(host='localhost', port=3306, user='root',
       password='', database='pachong', charset='utf8')
11     cur = db.cursor()  # 获取会话指针，用来调用SQL语句
```

```
12      sql = 'SELECT * FROM test WHERE company = %s and date = %s and
        score < 100'
13      cur.execute(sql, (keyword, today))  # 执行SQL语句
14      data = cur.fetchall()  # 提取数据
15      cur.close()  # 关闭会话指针
16      db.close()  # 关闭数据库连接
17      return data
18
19  # 汇总新闻
20  data_all = {}
21  companys = ['华能信托', '阿里巴巴', '百度集团']
22  for i in companys:
23      data_all[i] = database(i)
24
25  # 汇总评分
26  score_all = {}
27  for key, value in data_all.items():
28      score = 0
29      for i in value:
30          score += i[5]
31      try:  # 防止有些公司当日没有新闻，导致len(value)为0
32          score = int(score / len(value))
33      except:
34          score = 0
35      score_all[key] = score
36
37  @app.route('/')
38  def index():
39      return render_template('index.html', data_all=data_all, score_all
        =score_all)
40
41  app.run(debug=True)
```

此时 HTML 模板文档的内容如下：

```
1   <!DOCTYPE html>
2   <html>
3   <head>
4       <meta charset="utf-8">
5       <title>舆情监控</title>
6       <style>
7           table {margin:auto; border-collapse:collapse; width:90%}
8           table th {border:1px solid #729EA5; padding:8px; background-
            color:#ACC8CC; font-family:微软雅黑; text-align:center}
9           table td {border:1px solid #729EA5; padding:8px; font-family:
            微软雅黑; text-align:center; background-color:#FFFFFF; opacity:
            0.9}
10          body {background-repeat:no-repeat; background-attachment:
            fixed; background-size:100%}
11      </style>
12  </head>
13  <body background="static/背景.png">
14      <p style="font-family:幼圆; color:white; font-size:26px; text-
        align:center">华小智舆情监控系统</p>
15      <table>
16          <tr>
17              <th>项目公司</th>
18              <th>主流网站信息</th>
19              <th>当日评分</th>
20          </tr>
21          {% for key, value in data_all.items() %}
22              <tr>
23                  <td style="font-weight:bold">{{ key }}</td>
24                  <td style="text-align:left">
25                      <ol>
26                          {% for i in value %}
27                              <li><a href={{ i[2] }}>{{ i[1] }}</a></li>
```

```
28                            {% endfor %}
29                        </ol>
30                    </td>
31                    <td>{{ score_all[key] }}</td>
32                </tr>
33            {% endfor %}
34        </table>
35    </body>
36    </html>
```

现在我们已经搭建出一个美观的网页来展示从数据库中提取的数据，并且网页内容可根据需求动态更新。如果要 24 小时不停地执行这些操作，可以用 while True 循环来实现。但要让程序真正地 24 小时不间断运行，还需要将程序部署到云服务器上。此外，前面搭建的网页是部署在我们自己的计算机上的，其他人访问不了，而通过云服务器可以搭建一个所有人都能访问的网站。相关知识将在 7.4 节和 7.5 节讲解。

7.4　云服务器的购买和登录

前面已经能够在本机把数据用网页形式展示出来，但还有两个问题：一是开发程序用的计算机不适合 24 小时不关机，从而无法让程序一直运行；二是在本机搭建的网站只能自己看到，无法像百度等网站那样让其他人通过一个网址来访问。要解决这两个问题，需要利用云服务器进行云端部署。云服务器可以 24 小时不关机，而且通过云服务器可以创建一个大家都能访问的网站。

目前市面上主流的云服务器厂商有腾讯云、阿里云、百度云等，功能大同小异，本书以腾讯云为例演示云服务器的购买和登录。腾讯云的首页（https://cloud.tencent.com/）如下图所示。它的功能很多，感兴趣的读者可以自行查看，这里主要用到的是云服务器功能。

1. 云服务器的购买

单击腾讯云首页产品栏中的云服务器选项，进入产品详情页面后单击"立即选购"按钮，然后在如下图所示的界面中进行服务器配置。

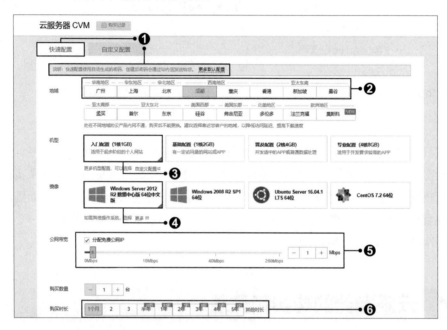

❶如果之前没有购买过云服务器或者对服务器要求不高，推荐选择快速配置。如果对服务器有一定要求，也可以选择自定义配置。选择快速配置时，密码会自动生成，之后是可以修改的。

❷选择服务器所在的地域。其实不同地域的服务器差别并不大，这里选择成都，读者可以选择离自己的所在地比较近的地域。

❸选择机型。初学者选择入门配置（1 核 1 GB）即可，运行速度还可以。如果对运行速度有要求，那么可以选择更好的配置。购买之后也是可以根据需求修改配置的。

❹根据需求选择操作系统，这里选择 Windows 操作系统。

❺选择公网带宽。这个参数决定了打开网页的速度快慢，如果同时访问量小于 1000，1 Mbps 足够了。

❻选择购买时长。初学者可以先买 1 个月体验一下，如果觉得以后会经常使用，可以增加时长。

上述这些选项都配置好了之后，单击"立即购买"按钮，会要求登录腾讯云。可以选择微信登录或其他登录方式，登录完成后就可以支付了。

此外，如果是企业用户或学生用户，可关注腾讯云相关活动，会有较大的优惠幅度。

购买过程中腾讯云会推荐一些其他的产品或服务，不必理会，只购买云服务器即可。购买完成后会出现如右图所示的界面。

稍等片刻让云服务器进行分配，之后单击右图中的"进入管理中心"按钮，可进入云服务器的管理中心，如下图所示。

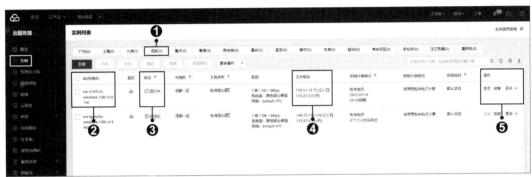

简单介绍一下管理中心的界面。❶在上方的地域列表中单击之前购买云服务器时选择的地域，在下方就会显示对应的云服务器。❷"ID/ 实例名"栏中显示云服务器的实例名，可以根据喜好修改。❸"状态"栏中显示云服务器的当前状态。❹"主 IP 地址"栏中，带有"（公）"字样的是云服务器的公网 IP 地址，如这里的 118.24.13.72。公网 IP 地址很重要，通过它可以登录云服务器，或访问部署在云服务器上的网站。❺在最右边的"操作"栏中，单击"更多"链接可以更改云服务器的配置，如增加内存或带宽等。

在使用之前，先修改登录云服务器的密码（不是登录腾讯云的密码），因为稍后就会用到。❶勾选要修改密码的云服务器实例，❷再单击"重置密码"按钮，如下图所示。然后设置新的密码。这个密码的设置要求比较多，因而设置好的密码会比较复杂，建议将设置好的密码记录在安全的地方，以免遗忘。

关闭管理中心页面后，如果要再次访问，可以单击腾讯云首页右上角的控制台，如右图所示，然后单击左上角的云产品，选择云服务器，即可看到自己的云服务器管理中心。

2. 云服务器的登录

设置好云服务器的登录密码之后，就可以登录云服务器了。登录方法有很多，下面以登录 Windows 服务器为例进行讲解，Linux 服务器的登录方法读者可自行搜索。

按快捷键【Win+R】打开"运行"对话框，❶输入"mstsc"，❷单击"确定"按钮，如下左图所示。

打开如下右图所示的"远程桌面连接"窗口，❶在"计算机"文本框中输入云服务器的公网 IP 地址，如前面提到的 118.24.13.72，❷然后单击"连接"按钮。

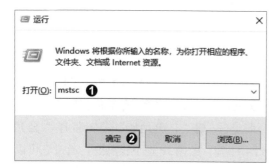

接下来进入输入云服务器的账号和密码的界面，如右图所示。这里需要特别注意的是，腾讯云服务器的默认登录账号是 Administrator，❶如果密码输入框上方显示的账号不是 Administrator，❷则单击下方的"更多选项"，❸再单击"使用其他账户"，然后输入账号 Administrator，密码则输入之前设置的密码，❹最后单击"确定"按钮。如果不想在每次登录时重复输入密码，可以勾选"记住我的凭据"复选框。

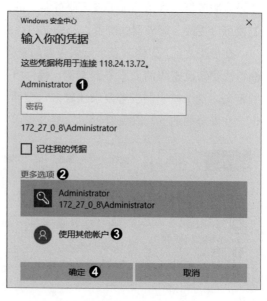

随后会弹出一个关于安全证书的警告对话框，不必理会其中的错误信息，❶勾选"不再询问我是否连接到此计算机"复选框，❷单击表示连接的"是"按钮，如下左图所示。

初次登录到云服务器，可能会弹出一个设置框（仪表盘），可以直接关闭，然后就可看到如下右图所示的界面，这就是我们的云服务器，把它当成一台普通计算机使用即可。

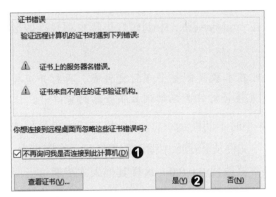

登录到云服务器之后，就可以在云端部署程序和搭建网站了，7.5 节将详细讲解相关知识。

7.5　程序云端部署及网站搭建

购买并登录云服务器之后，就可以在云服务器上部署前面编写的 Python 程序，并搭建一个大家都可以访问的网站。

7.5.1　搭建程序的运行环境

现在的云服务器相当于一台"裸机"，只有一些基本软件。为了运行 Python 程序和搭建网站，还需要安装一些必备软件。

可以在云服务器上用 Windows 系统内置的 IE 浏览器来搜索和下载软件的安装包。建议先安装谷歌浏览器，然后安装 WinRAR 等压缩软件，用于解压之后下载的一些文件。接下来安装 Anaconda（Python 安装包）、PyCharm（社区版）和 WampServer，相关内容参见《零基础学 Python 网络爬虫案例实战全流程详解（入门与提高篇）》。

启动 WampServer，并检查其运行状态，确保其图标是绿色的。目前云服务器上运行的软件和服务还比较少，一般来说不太可能出现端口被占用的问题。也可以查看 Apache、MySQL 的运行状态，如果正常，基本就没有问题了。如果 WampServer 的图标还是黄色的，可以把 WampServer 重启一下。

7.5.2　程序 24 小时运行及 Flask 项目部署

安装及设置完必备软件后，需要安装爬虫项目用到的 Python 库。可先安装 Requests 库，运行一些简单的爬虫项目作为测试。测试成功后，就可以运行更复杂的项目（如将爬取的数据写入数据库、舆情评分系统等），运行前根据项目的需求安装相应的 Python 库即可。此时要注意 WampServer 应该处于正常运行状态，并在 phpMyAdmin 中创建好供爬虫项目存取数据的数据库和数据表。

▌ 技巧：要将本机的项目文件传入云服务器，可在本机复制整个项目文件夹，再打开连接云服务器的窗口，按快捷键【Ctrl＋V】。或者直接将文件夹拖动到云服务器的窗口中。

运行爬虫项目（可以通过 while True 实现 24 小时不间断运行），成功执行后查看数据库内容，确认数据成功写入后，就可以利用 "app.py" 文件从数据库中读取数据并显示在网页中。

按照 7.2.1 节的"补充知识点 1"，将 host 参数修改成 0.0.0.0，这样其他人才能通过云服务器的公网 IP 地址直接访问网站，并将 port 参数设置为 80，这样访问网站时可不用输入端口，代码如下：

```
1   app.run(host='0.0.0.0', port=80)
```

在云服务器上运行 "app.py"，在本机或其他计算机上的浏览器中访问云服务器的公网 IP 地址，如 118.24.13.72，即可看到如下图所示的网页，说明项目已经部署成功。

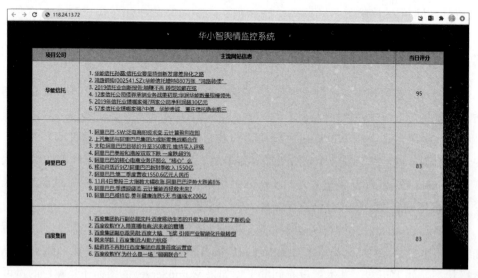

上面是用云服务器的公网 IP 地址访问网站，而我们平时则是用像 www.baidu.com 这样更直观易记的网址来访问网站。www.baidu.com 是一个域名，它的背后其实也是类似 118.24.13.72

的 IP 地址。通过申请和设置域名，可以把云服务器的公网 IP 地址（如这里的 118.24.13.72）与我们通常使用的网址形式建立关联。7.5.3 节就将讲解域名的申请和使用。

7.5.3　域名申请和使用

域名的申请和使用并不复杂，不过按照国家相关法律法规的要求，申请好域名后还需要进行网站备案，才能长期稳定使用。

先来讲解如何申请域名。在浏览器中登录腾讯云的控制台，然后单击"云产品"按钮，在"域名与网站"下单击"域名注册"链接，如下左图所示。接着单击如下右图所示的"注册域名"按钮。

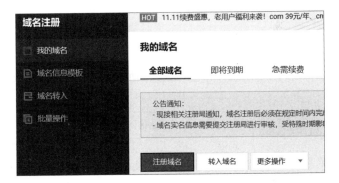

在下图所示的页面中搜索想使用的域名。如果该域名还没有被注册，就可以购买。其中各种域名后缀没有太大区别，".com"和".cn"是最常见的，也可以按需求选择其他后缀。这里搜索域名"huaxiaozhi.com"（对应的网址为 http://www.huaxiaozhi.com），如果它没有被其他人注册，就可以购买了。

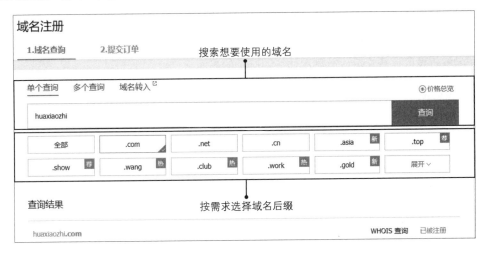

这里用域名 huaxiaozhi.cn 进行演示。购买过程中腾讯云会推荐一些捆绑服务，如专业版的云解析，其实并不需要，我们可以自己设置普通的解析方式。所谓解析，就是把域名和云服务器的公网 IP 地址（如 118.24.13.72）绑定在一起。

如右图所示，在"云产品"中的"域名与网站"下单击"DNS 解析 DNSPod"链接。

在弹出的域名解析界面中选择购买的域名，一般会要求进行实名认证，实名认证完之后，单击下图中的"解析"链接。

在弹出的设置界面中单击"快速添加网站 / 邮箱解析"按钮，如下图所示。

| 添加记录 | 快速添加网站/邮箱解析 | 暂停 | 开启 | 删除 | 分配至项目 |

单击"网站解析"右侧的"立即设置"按钮，如下左图所示。在弹出的设置网站解析界面中输入云服务器的公网 IP 地址，单击"确定"按钮，如下右图所示。

域名解析设置完成之后，会显示如下图所示的界面。

主机记录	记录类型	线路类型	记录值	MX优先级	TTL (秒)	最后操作时间	操作
@	A	默认	118.24.13.72	-	600	2019-01-26 00:09:36	修改 暂停 删除
www	A	默认	118.24.13.72	-	600	2019-01-26 00:09:36	修改 暂停 删除

如果读者对域名解析已经比较熟悉，并且想添加一些子域名，如 test.huaxiaozhi.cn，则可以使用"快速添加网站 / 邮箱解析"按钮左侧的"添加记录"按钮。

如下图所示，❶单击"添加记录"按钮。❷在"主机记录"栏中输入域名前缀。如果输入 www，则其效果和之前的快速添加方式的效果一样，解析后的域名为 www.huaxiaozhi.cn。如果输入 test，解析后的域名为 test.huaxiaozhi.cn，依此类推。❸然后在"记录值"栏中输入公网 IP 地址，其他内容保持默认值。❹最后单击"保存"按钮，即可创建子域名。

稍等一段时间（5～10 分钟），就可以通过购买的域名来访问云服务器上的网站了。如果购买的域名为 huaxiaozhi.cn，那么可以通过 www.huaxiaozhi.cn 来访问，如下图所示。

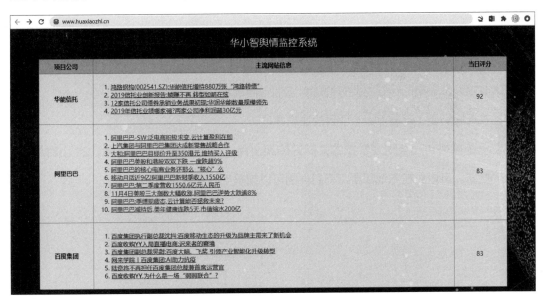

不过现在这个域名还不稳定，需要进行网站备案之后才能长期使用，否则使用一段时间后，就会出现如右图所示的错误提示。

如右图所示，在"云产品"中的"域名与网站"下单击"网站备案"链接，按步骤进行网站备案。对于个人网站，选择个人备案即可。如果对其过程有疑问，可在腾讯云官网搜索"备案流程"查看详细教程，或者咨询客服。完成网站备案之后，就可以长期使用之前设置的域名访问网站了。

上面进行的备案是工信部备案，是所有个人网站和企业网站都必须完成的工作。如果是企业网站，还需要进行公安部备案。尽管不进行公安部备案也不影响网站访问，但是企业网站会因此缺乏公安保护，例如，出现假冒网站时，如果有公安部备案则能证明清白。因此，还是建议企业网站进行公安部备案，可以在腾讯云官网搜索"公安备案流程"来查看详细教程。

熟练掌握本书的内容之后，就可以把爬取各个网站的代码写在一个程序里，完成一个多舆情来源、24 小时不间断爬取、自动生成舆情报告并进行网页展示的商业爬虫项目了。笔者将相关舆情监控系统的演示部署在网站 monitor.huaxiaozhi.com 上，感兴趣的读者可自行查看。

课后习题

1. HTML 中涉及表格的标签主要有哪些？它们各自的含义是什么？

2. 简述在云服务器上部署 Flask 项目的注意事项。

3. 建立一个监控自己公司或学校的关键词的爬虫网站，要求覆盖主流媒体、24 小时爬取、自动更新。可以先在本地部署，有条件的可以部署到云服务器上。